U0087660

千古圓錐曲線探源

一切都是由一個問題開始，
知其然更要窮究其所以然。
——泰利斯

林鳳美——著
蔡聰明——審訂

三民書局

國家圖書館出版品預行編目資料

千古圓錐曲線探源 / 林鳳美著. ——初版一刷. ——
臺北市：三民，2018
面；　公分. ——(鸚鵡螺數學叢書)

ISBN 978-957-14-6365-0　(平裝)

1. 幾何

316　　106022719

© 千古圓錐曲線探源

著 作 人　林鳳美
總 策 劃　蔡聰明
審　　訂　蔡聰明
責任編輯　黃于耘
美術設計　吳柔語
發 行 人　劉振強
著作財產權人　三民書局股份有限公司
發 行 所　三民書局股份有限公司
地址　臺北市復興北路386號
電話　(02)25006600
郵撥帳號　0009998-5
門 市 部　(復北店) 臺北市復興北路386號
(重南店) 臺北市重慶南路一段61號
出版日期　初版一刷　2018年1月
編　　號　S 317190
行政院新聞局登記證局版臺業字第〇二〇〇號

ISBN　978-957-14-6365-0　(平裝)

http://www.sanmin.com.tw　三民網路書店

鸚鵡螺數學叢書

總序

本叢書是在三民書局董事長劉振強先生的授意下，由我主編，負責策劃、邀稿與審訂。誠摯邀請關心臺灣數學教育的寫作高手，加入行列，共襄盛舉。希望把它發展成為具有公信力、有魅力並且有口碑的數學叢書，叫做「鸚鵡螺數學叢書」。願為臺灣的數學教育略盡棉薄之力。

I 論題與題材

舉凡中小學的數學專題論述、教材與教法、數學科普、數學史、漢譯國外暢銷的數學普及書、數學小說，還有大學的數學論題：數學通識課的教材、微積分、線性代數、初等機率論、初等統計學、數學在物理學與生物學上的應用等等，皆在歡迎之列。在劉先生全力支持下，相信工作必然愉快並且富有意義。

我們深切體認到，數學知識累積了數千年，內容多樣且豐富，浩瀚如汪洋大海，數學通人已難尋覓，一般人更難以親近數學。因此每一代的人都必須從中選擇優秀的題材，重新書寫：注入新觀點、新意義、新連結。**從舊典籍中發現新思潮，讓知識和智慧與時俱進，給數學賦予新生命**。本叢書希望聚焦於當今臺灣的數學教育所產生的問題與困局，以幫助年輕學子的學習與教師的教學。

從中小學到大學的數學課程，被選擇來當教育的題材，幾乎都是很古老的數學。但是數學萬古常新，沒有新或舊的問題，只有寫得好或壞的問題。兩千多年前，古希臘所證得的畢氏定理，在今日多元的光照下只會更加輝煌、更寬廣與精深。自從古希臘的成功商人、第一位哲學家兼數學家泰利斯 (Thales) 首度提出兩個石破天驚的宣言：**數學要有證明**，以及**要用自然的原因來解釋自然現象**（拋棄神話觀與超自然的原因)。從此，開啟了西方理性文明的發展，因而產生**數學、科學、哲學與民主**，幫忙人類從農業時代走到工業時代，以至今日的電腦資訊文明。這是人類從野蠻蒙昧走向文明開化的歷史。

古希臘的數學結晶於歐幾里得 13 冊的《原本》(The Elements)，包括平面幾何、數論與立體幾何，加上阿波羅紐斯 (Apollonius) 8 冊的《圓錐曲線論》，再加上阿基米德求面積、體積的偉大想法與巧妙計算，使得它幾乎悄悄地來到微積分的大門口。這些內容仍然是今日中學的數學題材。我們希望能夠學到大師的數學，也學到他們的高明觀點與思考方法。

目前中學的數學內容，除了上述題材之外，還有代數、解析幾何、向量幾何、排列與組合、最初步的機率與統計。對於這些題材，我們希望在本叢書都會有人寫專書來論述。

II 讀者對象

本叢書要提供豐富的、有趣的且有見解的數學好書，給小學生、中學生到大學生以及中學數學教師研讀。我們會把每一本書適用的讀者群，定位清楚。一般社會大眾也可以衡量自己的程度，選擇合適的書來閱讀。我們深信，**閱讀好書是提升與改變自己的絕佳方法**。

教科書有其客觀條件的侷限，不易寫得好，所以要有其他的數學讀物來補足。本叢書希望在寫作的自由度幾乎沒有限制之下，寫出各種層次的好書，讓想要進入數學的學子有好的道路可走。看看歐美日各國，無不有豐富的普通數學讀物可供選擇。這也是本叢書構想的發端之一。

學習的精華要義就是，**儘早學會自己獨立學習與思考的能力**。當這個能力建立後，學習才算是上軌道，步入坦途。可以隨時學習、終身學習，達到「真積力久則入」的境界。

我們要指出：學習數學沒有捷徑，必須要花時間與精力，用大腦思考才會有所斬獲。不勞而獲的事情，在數學中不曾發生。找一本好書，靜下心來研讀與思考，才是學習數學最平實的方法。

III 鸚鵡螺的意象

本叢書採用鸚鵡螺 (Nautilus) 貝殼的剖面所呈現出來的奇妙**螺線** (spiral) 為標誌 (logo)，這是基於數學史上我喜愛的一個數學典故，也是我對本叢書的期許。

鸚鵡螺貝殼的剖面

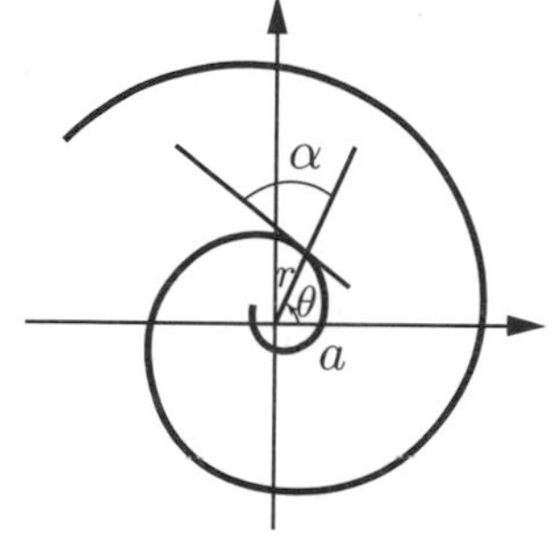

等角螺線

鸚鵡螺貝殼的螺線相當迷人，它是等角的，即向徑與螺線的交角 α 恆為不變的常數 ($\alpha \neq 0°, 90°$)，從而可以求出它的極坐標方程式為 $r = ae^{\theta\cot\alpha}$，所以它叫做**指數螺線**或**等角螺線**，也叫做**對數螺線**，因為取對數之後就變成阿基米德螺線。這條曲線具有許多美妙的數學性質，例如自我形似 (self-similar)、生物成長的模式、飛蛾撲火的路徑、黃金分割以及費氏數列 (Fibonacci sequence) 等等都具有密切的關係，結合著數與形、代數與幾何、藝術與美學、建築與音樂，讓瑞士數學家白努利 (Bernoulli) 著迷，要求把它刻在他的墓碑上，並且刻上一句拉丁文：

Eadem Mutata Resurgo

此句的英譯為：

Though changed, I arise again the same.

意指「**雖然變化多端，但是我仍舊照樣升起**」。這蘊含有「**變化中的不變**」之意，象徵規律、真與美。

鸚鵡螺來自海洋，海浪永不止息地拍打著海岸，啟示著恆心與毅力之重要。最後，期盼本叢書如鸚鵡螺之「**歷劫不變**」，在變化中照樣升起，帶給你啟發的時光。

眼閉
從一顆鸚鵡螺
傾聽真理大海的吟唱

靈開
從每一個瞬間
窺見當下無窮的奧妙

了悟
從好書求理解
打開眼界且點燃思想

蔡聰明

2012 歲末

推薦序

本書以圓錐曲線為核心主題來開展，內容從歐氏曲線，到圓柱曲線，再到圓錐曲線，最後總結於解析幾何的二次曲線以及各種物理應用，不斷地動態生長連貫擴展，觀念清楚，邏輯的層次井然。

古希臘數學約從西元前 600 年開始，經過三百年的發展，在西元前 300 年左右於尼羅河出海口的亞歷山卓 (Alexandria) 成熟，形成希臘數學的黃金時代 (the golden age of Greek mathematics)，最主要的代表人物是三位偉大的數學家：歐幾里得（Euclid，約西元前 315～前 255 年）、阿基米德（Archimedes，西元前 287～前 212 年）與阿波羅尼奧斯（Apollonius，約西元前 262～前 190 年）。

歐幾里得在約西元前 300 年寫了 13 冊的《原本》(The Elements)，創立歐氏幾何學，首度提出公理—演繹的模型 (Axiomatic-Deductive Model)，成為往後數學理論的典範。《原本》的內容包括平面幾何、比例論、整數論、不可共度量的分類與立體幾何。他採用綜合的證明方法推導出 467 個定理，總結了古希臘的數學成就。

阿基米德求得圓、拋物弓形的面積，估算圓周率，求柱、錐、球的體積與表面積。他採用窮盡法，配合兩次歸謬法，成功地避開取極限的無窮步驟論證法，這讓他悄悄地來到微積分的大門口，只差臨門一腳的功夫，因而被尊稱為數學之神的阿基米德，但仍然是受到他所處時代的局限。

阿波羅尼奧斯著有 8 卷的《圓錐曲線論》，也採用綜合的證明方法推導出 487 個定理。這也是一項了不起的成就，讓他贏得「偉大幾何學家」的美名。

埃及的托勒密國王問學於歐幾里得，覺得幾何學不易學習，於是問道：學習幾何有沒有捷徑？歐幾里得回答說：世上有專為國王而鋪設的道路，但卻沒有皇家大道通往幾何學。歐氏的綜合演繹法是有局限的，無法施展數學另外半邊的計算功能。一直要等到兩千年後的十七世紀上半葉，笛卡兒（Descartes，1596～1650 年）與費馬（Fermat，1601～1665 年）提出坐標系的方法，溝通了代數與幾何，後人稱為這就是幾何學的皇家大道，為往後的微積分與物理學奠基。用坐標的新方法重新看圓錐曲線，於是有了二次曲線的理論，更加完備又完美。

圓錐曲線的理論，從阿波羅尼奧斯開始，默默為數學與科學打底兩千年。我們可以說，若沒有圓錐曲線，就沒有克卜勒（J. Kepler，1571～1630 年）的行星運動三大定律，也沒有微積分，從而沒有近代科學，沒有近代的數學。

首先我們綜觀全書的內容，按歷史發展的順序，分成下列四個階段：

1. 歐氏曲線

歐氏平面幾何由直尺與圓規所作出的**直線**與**圓**開始，兩者交織出來的圖形世界，是歐氏幾何學研究的主題。我們稱為**歐氏曲線**，有 2 種。這是歐氏首度以**公理－演繹－證明**的方式建構成功的數學系統。雖然簡單，但是內容豐富。

2. 圓柱曲線

接著，用直線與圓動出圓柱曲面，再用平面去交截，所得到的曲線叫做**圓柱曲線**，總共有 4 種：**一直線、兩平行線、圓**與**橢圓**。只有橢圓是新生的圖形，容易就得到它的刻畫條件。前兩者為退化的圓柱曲線。

3. 圓錐曲線

再來是用直線與圓動出圓錐曲面，再用平面去交截，所得到的曲線叫做**圓錐曲線**，更豐富，總共有 7 種：**一點**、**一直線**、**兩相交直線**、**圓**、**橢圓**、**拋物線**與**雙曲線**。後四種為非退化的圓錐曲線，是我們真正想要研究的對象，分別都得到它們的刻畫條件。注意到，圓柱曲線下的橢圓與圓錐曲線下的橢圓，刻畫條件相同，所以沒有區別。

對於非退化的圓錐曲線至少有三種刻畫，有了一種刻畫就可以寫出一種方程式，讓圖形與方程式合一，計算與證明並用。

4. 二次曲線

利用坐標幾何，以上所有的曲線都可以用一般的二元二次方程式統合起來，總共有 10 種曲線，簡稱為**二次曲線**，其中非退化的情形仍然只有**圓**、**橢圓**、**拋物線**與**雙曲線**。

代數方程式的統合力雖然超強，但是也帶來了一些麻煩。同一個圖形，因取的坐標系不同，方程式的表現就不同，所以就有標準形。一個二次方程式透過坐標系的平移與旋轉，就可以變成標準形，從而判別出是何種圖形。這裡會牽涉到一點兒線性代數。

5. 圓錐曲線在物理上的應用

最後一章談論圓錐曲線在物理上的應用，主要是光學的應用，反射定律與折射定律，以及天文學的克卜勒行星運動三大定律。這是牛頓（Newton，1643～1727 年）探得萬有引力定律的切入點。事實上，任何一條圓錐曲線（包括退化與非退化）都有自然現象的對應。

伽利略（Galileo Galilei，1564～1642 年）說：

自然之書 (Book of Nature) 恆打開在我們的眼前，它是用數學語言寫成的，所用的符號是三角形、圓形與其他幾何圖形。不懂數學就讀不懂這本書。

幾何學 (Geometry) 的本意是測量土地，三角學 (trigonometry) 是測量三角形，所以最初三角學是幾何學的幫傭。幾何學不外是研究**長度**、**角度**、**垂直**、**投影**、**切線**、**面積**、**體積**、**表面積**。對於圓錐曲線的研究，一路上伴隨著數學方法的演進：從歐氏幾何的綜合法，三角法，到笛卡兒的坐標法，以及更後來的向量法、複數法、變換法。坐標系還分成直角坐標系與極坐標系，都各有優點，這些本書都用心加以呈現。

本書把圓錐曲線與二次曲線的概念清楚分辨，沒有混著談。高中教科書對橢圓與雙曲線採用焦點距的定式，對拋物線卻採用焦準式，並且一上來就給出定義，就像魔術師突然從帽子裡抓出小白兔。然而，本書從根源切入圓錐曲線，讓人看清來龍去脈，這是難能可貴處。本書最特別的是，具有有歷史的長程綜觀，還有方法論的連貫。

作者任教於成淵高中，對數學執著，帶領科展屢創佳績，拔得頭籌。本人樂於推薦本書給中學生與高中數學教師研讀。

2017 年 12 月

序文

希臘人堅持演繹推理是建立數學證明的唯一方法，這是對人類文明最重要的貢獻，它使數學從木匠的工具盒，測量員的背包中解放出來，使得數學成為人們頭腦中的一個思想體系。此後，人們開始靠理性，而不只是憑感官去判斷事物。正是這種推理精神，開闢了西方文明。

～美國數學史家莫里斯・克萊因

（Morris Kline，1908～1992 年）～

一般數學史的書都說幾何學發源於埃及尼羅河畔的土地測量，所以說尼羅河是上天賜給埃及的禮物，幾何是尼羅河賜給人類的禮物，但是本書要指出「**燦爛星空**」才是幾何學更重要的發源地。

自古以來人類仰頭看星空，就有了無垠的想像，看那

繁星點點，流星稍縱即逝，月亮是圓的。

依序就是「**點**」、「**直線**」、「**圓**」的源起之一，是歐氏幾何學的出發點。

到了古希臘時代，人類不再「坐井觀天」，開始窮究「**所以然**」，提出深奧的問題，並且找尋結果。在短短 300 年期間，以簡單的點、直線、圓作為基本概念，透過演繹法建立整個幾何學，得到相當卓越的成就。後人說：

幾何源於古希臘，天文是幾何的故鄉。

這是適切中肯的。

本書聚焦於探索圓錐曲線的來龍去脈。目前實施的 103 高中數學課綱，圓錐曲線屬於弱化單元，僅是簡單陳述圓錐曲線就是平面與圓錐曲面的截痕，甚至真正教學時直接給出焦點以及準線定義，然後就推導出其方程式，得到的知識只是「**知其然**」，而不知其「**所以然**」，學生學習起來是既無趣又無聊。

圓錐曲線源於古希臘文明，作者本著古希臘人追根究柢以及實事求是的精神，希望道出「圓錐曲線」的所以然，並且著重在闡明數學本身的理路，而不完全在於歷史的考據。

事實上，數學是研究數與圖形的學問。算術與代數研究數，幾何學研究圖形，表面上看起來兩者很不同，但是骨子裡卻相通。一個重大的突破是，透過**笛卡兒**（Descartes，1596～1650 年）引入的坐標系，發展出解析幾何學（又叫做坐標幾何學），讓數與形合一。

此外，在本書中我們要採取各種觀點來連貫全書的內容：動態、運動、脹縮、變換、……等觀點，使得幾何成為連貫的整體知識，這些正是本書的特色。而解析幾何學的誕生，提供研究行星運動和彗星軌道的數學基礎，萌生微積分與自然科學，打開了通往近代數學與科學的大門。

作者任教高中，除了致力於教學之外，最近八年來更投入數學課程的研究，特別獨鍾幾何學的魅力。如今有幸完成這本幾何書，並且編入鸚鵡螺數學叢書裡，內心是歡喜又感激。寫作如走千山萬水，有困頓與喜悅，也有迷惑與甜蜜，只要堅持著、努力著，終究會豁然開朗，痛飲快樂的甘泉。

現在的中學數學教育太著重於「零碎解題技巧」以及「不經慎思只求快速解答」的學習文化，常常忽略培養嚴謹推理能力以及探索幾何內在結構之美，更是失去以簡馭繁的數學創新思考歷程。希望這本書的出現，能帶給中學師生一些鼓舞與啟示。

此外，讓我們共同窺探大自然的「**秋葉**」，歌頌著幾何之美～**數感**、**形感**、**規律感**以及**美感**。

秋葉

一片秋葉道涼意
數感形感近咫尺
秋意濃濃見規律
葉風蕩漾望美感

在真實的寫作情境裡，作者體悟英國數學家**齊斯・德福林** (Keith Devlin) 所說：

> 數學讓不可見變成可見。

這是一連串建構知識的歷程，不僅讓自己提升專業知能，更可貴的是源源不絕的點子萌生，觸動內心不絕的思緒，激盪著且共鳴著，願永遠追隨數學的足跡。

最後，致上誠摯的感謝於默默支持與鼓勵的家人、朋友以及編輯者，特別感謝主編蔡聰明教授不辭辛苦的指導及鼓勵，提供更寬廣的數學視野，除了受益無窮外，更是注入了數學的活水，歌頌著這永恆的理性。

林鳳美

2017 年 12 月

千古圓錐曲線探源

CONTENTS

楔子

本書的源起

本書我們要對圓錐曲線作千古探源的工作，說起「**千古**」，意思是說它源遠流長，至少橫跨二千多年的發展史，其大事紀如下：

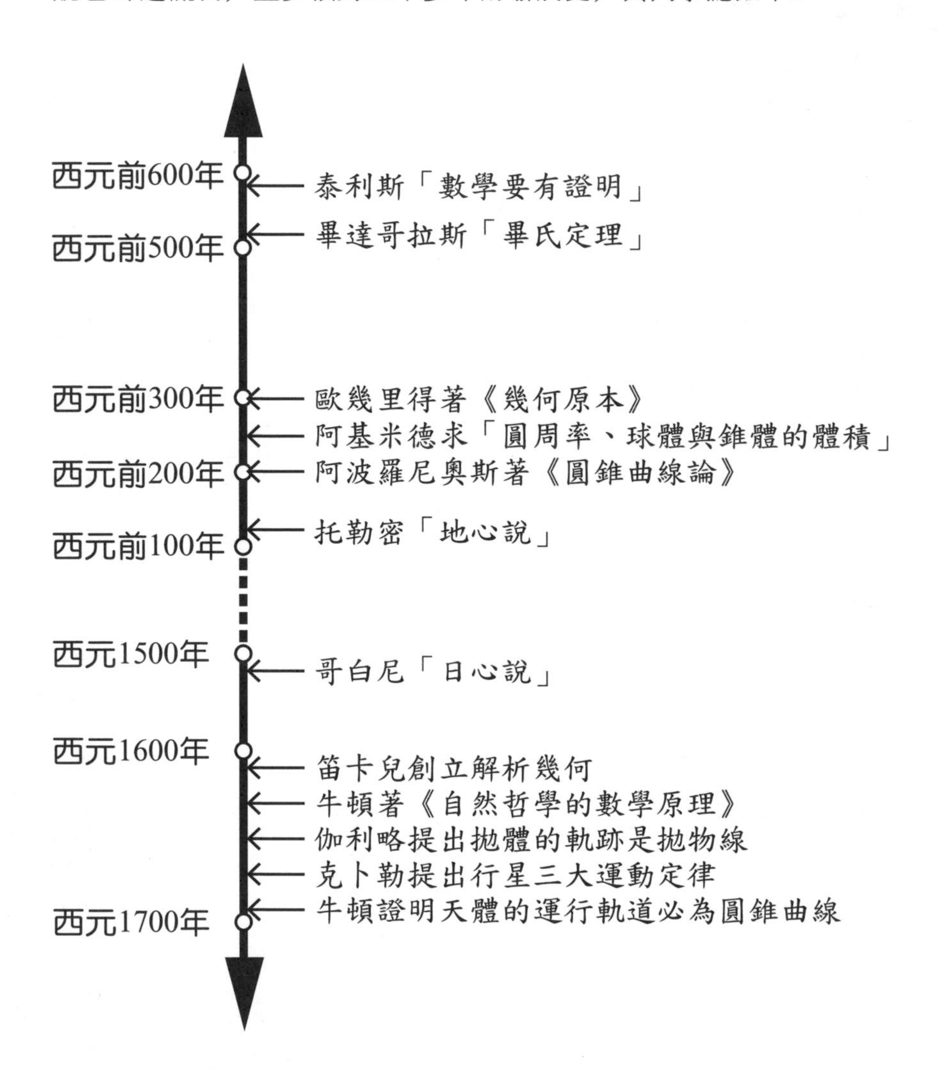

0–1 三哲二書

數學之父**泰利斯**（Thales，約西元前 624～前 546 年）提出：

一切都由一個問題開始，知其然更要窮究其所以然。

他最大貢獻有二，由此建立古希臘理性文明的典範。

(i) 提倡「數學要有證明」，從此數學有了最堅實的依據，邁向嶄新的階段。
(ii) 提出「萬有皆水」的理論，開創用自然的原因去解釋自然現象的先河。

最直接啟迪本書的古希臘著作有幾何之父**歐幾里得**（Euclid，約西元前 330～前 270 年）的曠古名著《**幾何原本**》(Elements) 共有十三卷，簡稱《**原本**》。《原本》是採用**公理演繹系統**建立整個幾何，我們叫做**歐氏幾何學** (Euclidean Geometry)，處處都要講究證明，從此「證明」成為往後數學的商標與典範。

繼《**幾何原本**》之後，再度把希臘幾何學推至最高峰的著作，就是幾何學家**阿波羅尼奧斯**（Apollonius of Perga，約西元前 262～前 190 年）所著《**圓錐曲線論**》(Conic Sections)，它表現著原創性、深度與完整性，是古代數學的巔峰造極之作，因此，他贏得了「**偉大的幾何學家**」(The Great Geometer) 的美名。

阿波羅尼奧斯讓圓錐曲線有個嶄新的面貌，就是「以不同方向平面切割圓錐面而得到的曲線」，特別是**雙曲線必有兩支**。

此外，由於他注重幾何性質的探討，深深影響後世解析幾何學的誕生，更提供研究行星運動軌道的數學基礎，解開亙古天文之謎。

值得一提，希臘數學黃金時代的形成，除了歐幾里得與阿波羅尼奧斯外，還有偉大數學家**阿基米德**（Archimedes，西元前 287～前 212 年），他注重數值計算與善用先進的窮盡法 (method of exhaustion)。本書談到他的計算成就有圓周率與圓面積、球、圓柱與圓錐的體積、以及拋物線弓形面積等等，尤其圓面積的計算更是啟迪後世產生微積分。

17 世紀法國啟蒙運動大將**伏爾泰**（Voltaire，1694～1778 年）說：

數學中含有驚人的想像力，阿基米德腦中的想像力比荷馬多得多。

圖 0–1：歐幾里得

圖 0–2：阿波羅尼奧斯

圖 0–3：阿基米德

三哲是指歐幾里得、阿波羅尼奧斯與阿基米德；二書是指《幾何原本》與《圓錐曲線論》。這些都代表著古希臘給數學所立下的「定海神針」。

0–2 倍立方問題

歐氏幾何學最顯著的特色為尺規作圖、公理演繹與空間的平直性，而尺規作圖工具只限於直尺與圓規，分別作出直線與圓，甚至各種直線形，例如三角形、四邊形、多邊形等等。如此單純的**直線**、**圓**與**直線形**的圖形世界，它們的規律居然可以到達令人嘆為觀止的境界。

古希臘人的尺規作圖，僅限於沒有刻度的**直尺**與**圓規**，並且只能施展有限步驟，作出最基本的**直線**與**圓**。我們稱直線與圓為歐氏曲線。

在尺規作圖的約定下，產生了「**幾何作圖三大難題**」：

(i) **三等分角問題**：將任意一個角三等分。

(ii) **方圓問題**：作一個正方形使其面積等於已知圓的面積。

(iii) **倍立方問題**：作一個正立方體，使得體積是已知正立方體的 2 倍。

參見圖 0–4。

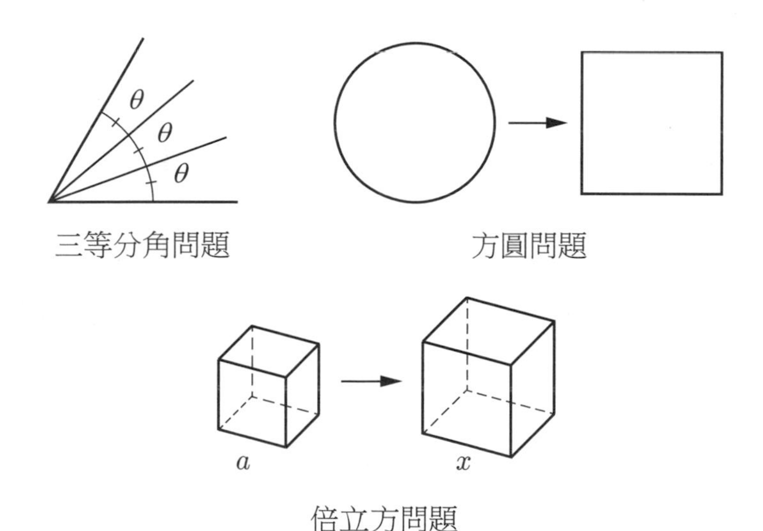

圖 0–4

其中的倍立方問題跟本書關係密切，因為它引出了圓錐曲線，有一個故事這樣流傳著：

西元前 429 年，雅典被一場瘟疫襲擊，死傷慘重。市民們推了一些代表去**迪洛斯島** (Delos) 請示阿波羅，傳出的旨意說：「**要去除瘟疫，須把神殿前立方體的祭壇體積增大到原來的兩倍，祂就會免除你們的災難，保佑你們。**」

人們首先想到的是將每邊增長一倍，結果瘟疫依舊蔓延，當然這體積變成了 8 倍。後來古希臘人計算出將每邊增至原來邊長的 $\sqrt[3]{2}$ 倍，因此問題就變成：

如何用尺規作圖作一已知線段的 $\sqrt[3]{2}$ 倍長。

為了讓瘟疫停止，雅典人用有刻度的尺找到近似值長，很驚喜地瘟疫就停止了。

但是求真的古希臘人繼續追根究柢，由數學家**希波克拉底**（Hippocrates，約西元前 460～前 370 年）將倍立方問題化成算術問題：

在 a 和 $2a$ 之間插入兩個比例中項 x, y，使得 $a:x=x:y=y:2a$。

由此得到

$$x^2=ay,\ y^2=2ax,\ xy=2a^2 \tag{1}$$

解聯立方程式

$$\begin{cases} x^2=ay \\ y^2=2ax \end{cases} \quad \text{或} \quad \begin{cases} xy=2a^2 \\ y^2=2ax \end{cases} \quad \text{或} \quad \begin{cases} xy=2a^2 \\ x^2=ay \end{cases}$$

都可得到 $x=\sqrt[3]{2}a$，這就是倍立方問題所要求作的線段之長。

採用**坐標解析法**來看，對(1)式我們令 $a=1$，作出三個方程式的圖形，參見圖 0–5。前兩者是拋物線，後者是兩支的雙曲線。交點 P 的橫坐標為 $x=\overline{OQ}=\sqrt[3]{2}$。然而，倍立方問題仍然是沒有解決，因為 $\overline{OQ}$ 無法用尺規作出來。不過，我們額外的收穫是，倍立方問題引出了圓錐曲線的誕生。

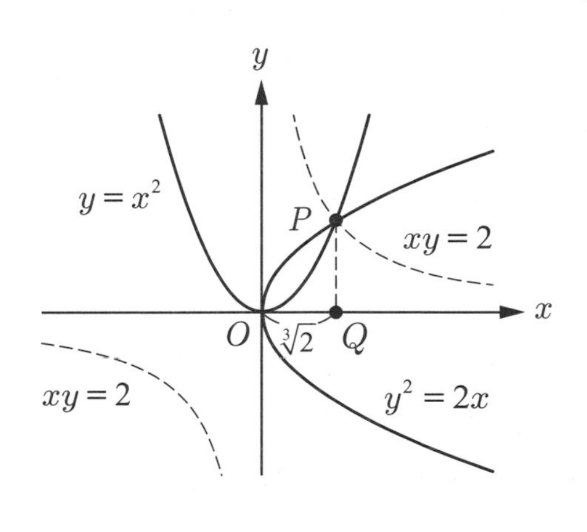

圖 0–5

0–3　千古探源

接著我們要問，除了歐氏幾何所研究的直線與圓之外，還有沒有新的有趣曲線值得研究呢?

古希臘人就從熟知的曲面有球面、圓柱面與圓錐面著手。用平面去截取它們就可以得到各種平面曲線，其中包括熟知的直線與圓（本書叫做**歐氏曲線**），以及新生的曲線（這是本書最感興趣的問題）。

首先，用平面去截取球面，得到 **2** 種曲線：相切時得到一個點，相交時得到一個圓，這並沒有產生新的曲線。

其次，用平面去截取圓柱面，得到 **4** 種**圓柱曲線**：一直線、兩平行直線、圓與橢圓，其中只有**橢圓**是新曲線。

再者，用平面去截取圓錐面，得到 **7** 種**圓錐曲線**：一個點、一直線、兩相交直線、圓、橢圓、拋物線與雙曲線。又新生出**拋物線**與**雙曲線**。

此外，順著歷史發展，從「**綜合演繹法**」到**笛卡兒**的「**坐標解析法**」會發現，圓錐曲線皆屬於一次與二次方程式的世界，它們皆含納於二次方程式的世界裡。美妙地，圓錐曲線都可以統合在二次方程式之下，萬流歸宗。反過來二元二次方程式的曲線（我們叫做**二次曲線**）都是圓錐曲線嗎？

差不多都是圓錐曲線，只是多出幾個退化的曲線而已。美妙地，坐標出現產生二次曲線共有 **10** 種：∅、一點、一直線（兩重合直線）、兩相交直線、兩平行直線、圓、橢圓、拋物線、雙曲線、以及整個坐標平面 $\mathbb{R}^2$。法國數學家**達朗貝爾**（D'Alembert，1717～1783 年）說得真好：

代數是慷慨的，她總是要求得少，但給得多。

直到十六、七世紀後，由於坐標的引入，圓錐曲線的應用因實際問題的需要，再燃起新的熱潮，如運動學、力學、天文學的奧秘，數學家與科學家讓真相不斷地往前進，開啟了微積分的大門，更促進了科學新的篇章。因此，我們也得到一個事實：數學的本質來自於真實

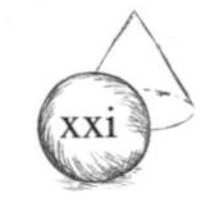

世界，宇宙是有秩序的，透過幾何定理明確理論化，亙古之謎就解開了。

牛頓（Newton，1643～1727 年）更是證明「**天體的運行軌道必為圓錐曲線**」。他的數學方法論全面改變西方文明的面貌，影響從數學至自然科學及天文學，使得科學理論在 18 世紀如此光輝，遠遠超過其他文明。

連近代物理學家**愛因斯坦**（Albert Einstein，1879～1955 年）都說：

> 數學是不依賴經驗的純粹人類思想產物，但它卻能如此精確地描述自然現象，這真是令人驚奇。

我們對千古圓錐曲線做了一段知識重整歷程，採用各種觀點為連貫知識的橋梁，並且加入方法論，使得幾何不再模糊而是清晰可見。由於「數缺形，少直覺；形缺數，難入微」，因此，坐標與向量法才是「**幾何的皇家大道**」。本書給予圓錐曲線一場豐富的探源，對作者可說是一趟知識探險之旅，期盼能帶給讀者煥然一新的欣喜。

春之靈

春是忙碌的
燕子剪不斷
尺規的世界
上下苦惱著
楊柳卻是染綠了
簡單歐氏曲線
和煦的光線
四射十條光芒
隨意拂落一地小花

田野上
風暖暖地
敘說古老的智慧
擺出倜儻姿態
和翩翩的蝴蝶
爭相與花共舞
延展了
幾何之皇家大道

第1章

歐氏曲線

歐氏幾何研究了直線與圓，以及兩者交織而成的圖形世界，具有豐富的美妙規律，我們稱直線與圓為**歐氏曲線**。歐氏幾何創立之後，過了將近兩千年（西元前 300～1600 年），笛卡兒將空間坐標化，把歐氏的綜合幾何轉變為**解析幾何**（又叫做**坐標幾何**），這時真正做到了數與形合一的境界。從此，點與數對（即坐標）、幾何圖形與代數方程式可以互相轉化，這是在數學方法論上一大創新突破，也是現代數學發展的出發點。

本章首先遇到的是相對單純的直線與圓。我們要用坐標與向量方法來給歐氏幾何裝上翅膀，讓幾何振翅起飛。坐標法與向量法合起來，堪稱為**幾何學的皇家大道**（捷徑），這是當初歐氏認為不存在的幾何捷徑。後人發現了它，使得可以利用代數的演算來掌握幾何，這促使幾何學甚至是整個數學起飛。

我們還要介紹坐標、向量與行列式，方便往後用它們來探索圓錐曲線的特徵性質、方程式表現、性質與規律，以及各種應用。

1.1 坐標與向量

有系統地將空間的點用數來表現，就是坐標系的概念。由於作法不同，導致不同的坐標系。以平面為例，最常用的是直角坐標與極坐標，各有優點，前者有最核心重要的畢氏定理可以施展，後者可以順利捕捉各種神奇的曲線，例如各種螺線、心形線、玫瑰線、……等等。

甲、直角坐標系

一維空間的直線，坐標化之後就是熟知的數線，記為 $\mathbb{R}^1$ $(=\mathbb{R})=\{(x): x\in\mathbb{R}\}$，決定數線的三要素為**原點**、**單位長**與**正向**。我們取兩條互相垂直的直線，其交點為原點，再坐標化後，就能代表二維平面上的點，其兩維坐標為 $(x,\ y)$，坐標的全體記為 $\mathbb{R}^2=\{(x,\ y): x,\ y\in\mathbb{R}\}$。對三維空間的點，就有三維坐標 $(x,\ y,\ z)$，記為 $\mathbb{R}^3=\{(x,\ y,\ z): x,\ y,\ z\in\mathbb{R}\}$。笛卡兒的坐標系是根據**右手定則**訂出 x, y, z 軸，參見圖 1–1，因此，不論平面上或空間中，任意一點 P 都可以用 $(x,\ y)$ 或 $(x,\ y,\ z)$ 來表示。

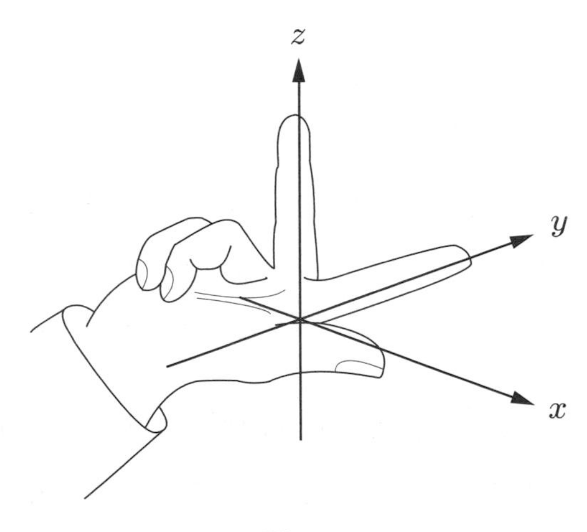

圖 1–1

更進一步至 n 維坐標空間為

$$\mathbb{R}^n=\{(x_1,\ x_2,\ \cdots,\ x_n):x_k\in\mathbb{R},\ k=1,\ 2,\ \cdots,\ n\}。$$

在高中的階段，我們限定在 $\mathbb{R}^1$、$\mathbb{R}^2$、$\mathbb{R}^3$ 的低維空間，它們具有直觀的方便。我們稱 $\mathbb{R}^1$、$\mathbb{R}^2$、$\mathbb{R}^3$ 為**笛卡兒的坐標空間**，簡稱為**坐標空間** (the space of coordinates)。

笛卡兒將坐標系引進後，與方程式結合，特別是用**運動的觀點，**將曲線看成點的運動軌跡。在平面上，由於點的「橫坐標」與「縱坐標」一一對應關係，就有了函數的觀念，美妙地，軌跡的圖形可明確地表現外，往後更是奠定微積分的發展。笛卡兒結合了代數與歐氏幾何，創建了解析幾何，開拓了兩千年來幾何沒有進展的窘境，從此之後幾何不再模糊而是清晰可見，因此，坐標與向量法才為「**幾何的皇家大道**」。

乙、平面的極坐標

平面上點的位置之描述，除了用常見的直角坐標系來表示外，還有**極坐標系** (Polar coordinate system)。當你聽到氣象報告：「某颱風正位於鵝鑾鼻東南方 1000 公里處」，這種位置的描述方式正是「**極坐標系**」。

由於直角坐標轉換成極坐標並不困難，加上選擇極坐標表示後，可得到簡捷又漂亮的方程式，如圓錐曲線的方程式，從而就可以直接判斷這些曲線的隱含意義，在 3.5 節有對極坐標系更詳細的描述。

丙、向量的概念

在 $\mathbb{R}^3$ 中的兩點 $P(x_1, y_1, z_1)$, $Q(x_2, y_2, z_2)$ 無法運算，所以代數使不上力。不過，只要我們的觀念稍作改變就可以克服這個困難。我們把 P 點看作是從原點 $O(0, 0, 0)$ 到 P 點的有向線段 $\overrightarrow{OP}$，解釋成物理學的**向量** (vector)，記為

$$\overrightarrow{OP}=(x_1, y_1, z_1)$$

這叫做點 P 的**位置向量** (position vector)。注意，我們都用相同的記號來表現坐標與向量，但概念上是不同的。通常我們用記號 $\vec{u}$, $\vec{v}$ 來表示向量。

數只用來衡量大小，數再加上方向就變成有大小與方向的量，叫做**向量**。我們常常藉助向量方法，方便分析解析幾何中的圖形，主因將幾何圖形放置於坐標系中，不論在平移、旋轉以及鏡射後，它的幾何特性不會因坐標改變而改變，這概念即是**位置向量**。

我們要探討兩點之間的距離或線段的長度，只用畢氏定理即可得到結果。

定理 1.1

（兩點之間的距離或線段的長度）

若考慮空間中任取二點 $P(x_1, y_1, z_1)$, $Q(x_2, y_2, z_2)$，參見圖 1–2，則兩點之間的距離或線段的長度

$$\overline{PQ}=\sqrt{(x_2-x_1)^2+(y_2-y_1)^2+(z_2-z_1)^2}。$$

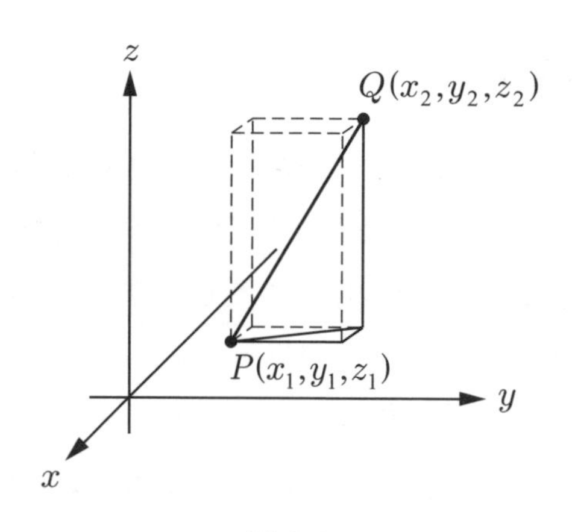

圖 1–2

此外，也可以用運動觀點來看，位置向量是指在某個坐標系內相對於其坐標原點而言，描述質點運動位置時，不但考慮相對於原點的遠近距離量值，還有考慮相對於原點的方向，如圖 1–2 中質點從位置 $P(x_1, y_1, z_1)$ 移動至 $Q(x_2, y_2, z_2)$，則其位移就是

$$(x_2, y_2, z_2)-(x_1, y_1, z_1)=(x_2-x_1, y_2-y_1, z_2-z_1)$$

因此，位置向量定義為

$$\overrightarrow{PQ}=(x_2-x_1, y_2-y_1, z_2-z_1)$$

其中的位移長度 $\left|\overrightarrow{PQ}\right|=\sqrt{(x_2-x_1)^2+(y_2-y_1)^2+(z_2-z_1)^2}$。

因此，兩點之間的距離就等於位置向量的移動長度，同樣地，這概念也適用於高維度,因此向量就成為研究解析幾何的基本工具之一,更美妙地，向量有加法、係數乘法、內積、外積演算。如此數與形又再度合一了。

丁、向量的四則運算

數有 +−×÷ 的四則運算；奇妙的是，向量也有四則運算，即加法、係數乘法、內積與外積；兩者互相輝映。數學因引入運算而飛翔。假設向量 $\vec{u}=(x_1, y_1, z_1)$, $\vec{v}=(x_2, y_2, z_2)$, $\alpha\in\mathbb{R}$，則有

(i) **向量加法：** $\vec{u}+\vec{v}=(x_1+x_2, y_1+y_2, z_1+z_2)$，注意，當考慮減法時，就是 $\vec{u}-\vec{v}=\vec{u}+(-\vec{v})=(x_1-x_2, y_1-y_2, z_1-z_2)$。

(ii) **係數乘法：** $\alpha\vec{u}=(\alpha x_1, \alpha y_1, \alpha z_1)$，注意，係數 $|\alpha|<1$ 時，表示向量 $\vec{u}$ 的有向線段在同方向 $(\alpha>0)$ 或反方向 $(\alpha<0)$ 上縮短為原來的 $|\alpha|$ 倍，這就是向量縮短概念。

(iii) **內積：** 它是個物理量，給定一個力 $\vec{F}$ 作用於一質點上，就產生位移 $\vec{d}$，所作功 W 等於 $\vec{F}$ 的分量 $|\vec{F}|\cos\theta$ 與 $|\vec{d}|$ 的乘積，即是 $W=|\vec{F}|\cos\theta\cdot|\vec{d}|$。注意，作用力 $\vec{F}$ 可分解為兩部分，與 $\vec{d}$ 平行則是有效力，但與 $\vec{d}$ 垂直則是無效力，參見圖 1–3，因此，作功中採有效力分量 $|\vec{F}|\cos\theta$。

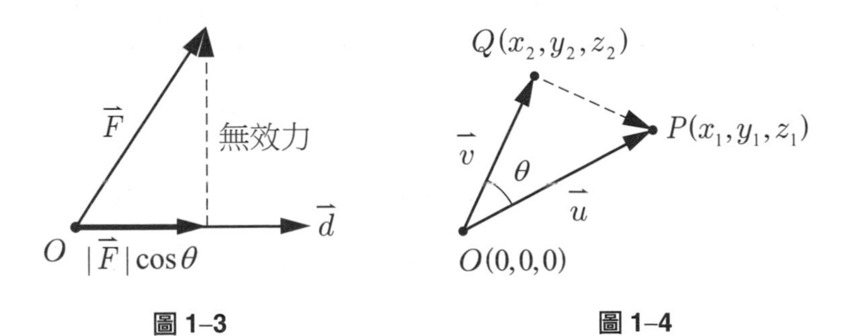

圖 1–3　　圖 1–4

在 $\mathbb{R}^3$ 中，如果兩非零向量 $\vec{u}$ 與 $\vec{v}$ 的夾角為 θ，$0 \le \theta \le 180°$，我們定義向量 $\vec{u}$ 與 $\vec{v}$ 的**內積**為 $|\vec{u}||\vec{v}|\cos\theta$，記為 $\vec{u}\cdot\vec{v}$，參見圖 1–4。顯然，$|\vec{u}|^2 = \vec{u}\cdot\vec{u}$。由向量加法性質有 $\overrightarrow{OP} = \overrightarrow{OQ} + \overrightarrow{QP}$，即 $\overrightarrow{QP} = \overrightarrow{OP} - \overrightarrow{OQ}$，則有 $|\overrightarrow{QP}|^2 = |\vec{u} - \vec{v}|^2 = |\vec{u}|^2 - 2\vec{u}\cdot\vec{v} + |\vec{v}|^2$，經過整理得

$$\vec{u}\cdot\vec{v} = \frac{1}{2}(|\vec{u}|^2 + |\vec{v}|^2 - |\overrightarrow{QP}|^2) \qquad (1)$$

考慮向量 $\vec{u} = (x_1, y_1, z_1)$, $\vec{v} = (x_2, y_2, z_2)$，代入(1)式則有向量內積的坐標表示

$$\vec{u}\cdot\vec{v} = x_1x_2 + y_1y_2 + z_1z_2。$$

向量內積運算的基本性質與實數運算是互相對應的，結果如下：

實數運算	**向量內積運算的基本性質**	
$ab = ba$	$\vec{a}\cdot\vec{b} = \vec{b}\cdot\vec{a}$	乘法交換性
$(ab)c = a(bc)$	$(\vec{a}\cdot\vec{b})\cdot\vec{c} = \vec{a}\cdot(\vec{b}\cdot\vec{c})$	乘法結合性
$a(b+c) = ab + ac$	$\vec{a}\cdot(\vec{b}+\vec{c}) = \vec{a}\cdot\vec{b} + \vec{a}\cdot\vec{c}$	乘法對加法的分配性

尤其是

$$\vec{a}\cdot\vec{a} = |\vec{a}||\vec{a}|\cos 0 = |\vec{a}|^2$$

此性質在向量的內積與長度間作轉換，更是代數與幾何間的一個重要的橋梁。

如著名的**柯西一施瓦茨不等式** (Cauchy-Schwarz Inequality)：

向量形式：任意向量 $\vec{u}$ 與 $\vec{v}$，則有

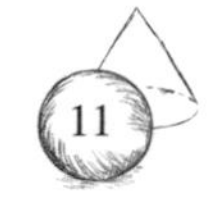

$$|\vec{u}\cdot\vec{v}|\le|\vec{u}||\vec{v}|$$

其中等號成立的充要條件是，$\vec{u}$ 與 $\vec{v}$ 線性相依（$\vec{u}//\vec{v}$ 或者 $\vec{u}, \vec{v}$ 中有一個為零向量）。

代數形式： 設向量 $\vec{u}=(x_1, y_1, z_1)$, $\vec{v}=(x_2, y_2, z_2)$，則有

$$(\sum_{i=1}^{3}x_iy_i)^2\le(\sum_{i=1}^{3}x_i)^2(\sum_{i=1}^{3}y_i)^2$$

其中等號成立的充要條件是，$\frac{x_1}{y_1}=\frac{x_2}{y_2}=\frac{x_3}{y_3}$。

在 $\mathbb{R}^n$ 中，則有

$$(\sum_{i=1}^{n}x_iy_i)^2\le(\sum_{i=1}^{n}x_i)^2(\sum_{i=1}^{n}y_i)^2$$

其中等號成立的充要條件是，$\frac{x_1}{y_1}=\frac{x_2}{y_2}=\frac{x_3}{y_3}=\cdots=\frac{x_n}{y_n}$。

(iv) **外積：** 它也是一個物理量，施加的作用力 $\vec{F}$，從轉軸到施力點的位移向量 $\vec{r}$，且兩向量 $\vec{F}$ 與 $\vec{r}$ 之間的夾角為 θ，作用力改變使物體旋轉所需的物理量，我們定義**力矩** τ 為力與力臂的外積，即是 $\tau=|\vec{F}||\vec{r}|\sin\theta$，參見圖 1–5。

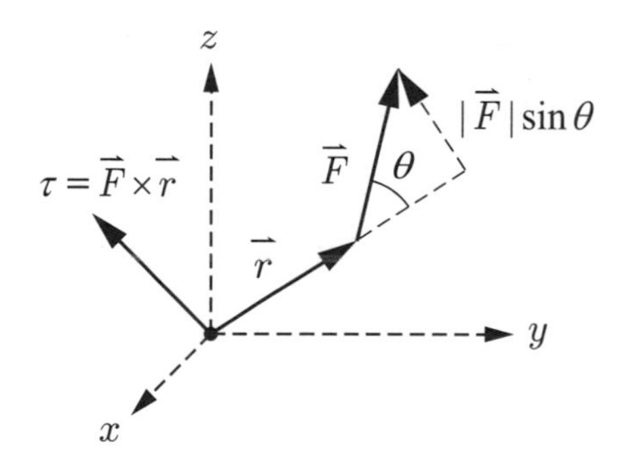

圖 1–5

注意，力矩中採有效力分量 $\left|\vec{F}\right|\sin\theta$。在 $\mathbb{R}^3$ 中，如果兩非零向量 $\vec{u}$ 與 $\vec{v}$ 的夾角為 θ，我們定義向量 $\vec{u}$ 與 $\vec{v}$ 的**外積**為 $(|\vec{u}||\vec{v}|\sin\theta)\vec{n}$，其中 $\vec{u}$ 與 $\vec{v}$ 的單位法向量，記為 $\vec{u}\times\vec{v}$，其中 $\vec{u}, \vec{v}, \vec{n}$ 形成右手系，並且 $\vec{u}\times\vec{v}$ 的大小為 $|\vec{u}\times\vec{v}|=|\vec{u}||\vec{v}||\sin\theta|$。

1.2 直線與圓的方程式

歐氏的綜合幾何法只是將幾何圖形適切表達出來，但解析幾何引進了坐標後，更進一步的將圖形的關係變成代數方程式。這小節就用十種不同的方程式來刻畫直線，以及探討圓方程式，有了方程式後，就更明確地來解釋直線與圓的性質。

甲、傾斜角

在 $\mathbb{R}^2$ 中，歐氏告訴我們「直線是由兩個點唯一決定」，那麼對於直角坐標系中的一條直線 L，它的位置由哪些條件確定呢？先從直線的傾斜程度著手，常用傾斜角與斜率來描述，聯繫兩者的橋梁是正切，最後也可用直線上兩個點的坐標來表示。

定義 1–1

如果直線 L 與 x 軸相交，我們取 x 軸為基準，從 x 軸正向繞著交點逆時針方向（正方向）旋轉到與直線 L 重合時，其所轉的最小正角度，則稱此為直線 L 的**傾斜角** (inclination)，記為 θ，參見圖 1–6。

注意，我們規定：與 x 軸平行或重合的直線的傾斜角為 $0°$，因為決定傾斜角的要素是考慮直線向上的方向，因此，傾斜角 θ 取值的範圍為 $0° \leq \theta < 180°$。

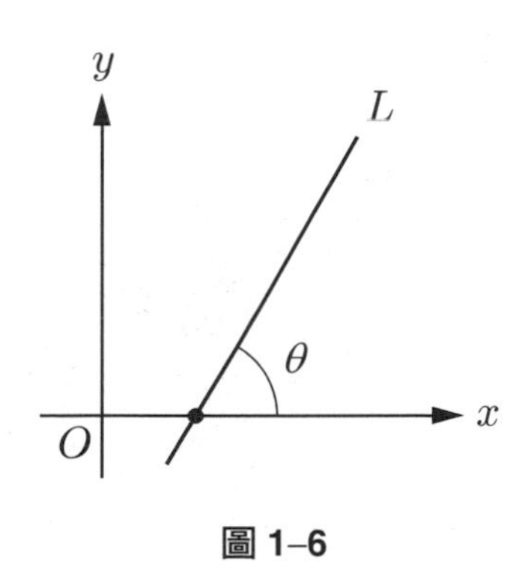

圖 1–6

平面上每一條直線都有一個明確且唯一的傾斜角。若同傾斜程度的直線，則傾斜角相等，代表這些直線是平行或重合；若不同傾斜程度的直線，其傾斜角不相等，代表這些直線必相交。由於直線的同傾斜角者有無限多條，因此，確定直線位置的要素，除了傾斜角外，還需要一點，二者缺一不可。

乙、斜率

在坐標平面上，用直線的傾斜角來表示傾斜程度，但角度是個進階概念，不好處理和掌握，而長度才是最基本的概念，於是改為傾斜角的正切值（兩個長度的比值），這個概念就是斜率，有斜率後直線就有「翅膀」，可建立在直線方程式上，更可利用直線方程式來研究幾何問題。

在日常生活中，經常用**坡度**來刻畫樓梯或山坡的傾斜程度，參見圖 1–7 中

$$坡度 = \frac{垂直高度}{水平寬度} = \frac{\overline{AB}}{\overline{BC}}$$

當坡度越大，山坡就越陡。

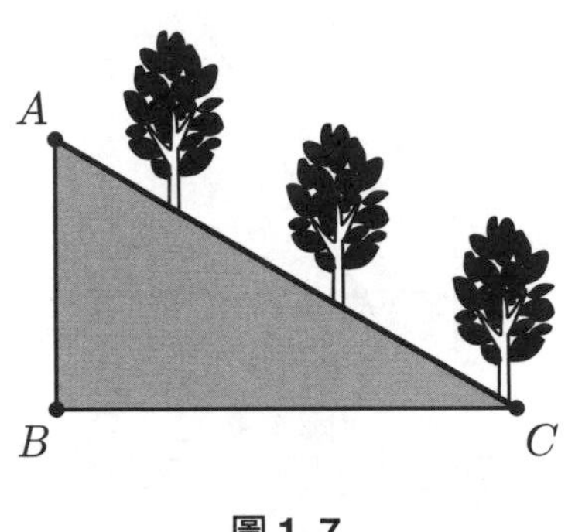

圖 1–7

坡度代表兩個長度的比值，即是傾斜角的正切，在數學上把此概念類比定義為**斜率**，從而斜率可以取任意實數，再應用於方程式上就簡單多了。如果用傾斜角，則其值事實上相當於求反正切值，但難於直接通過坐標計算，使得方程式的形式變得複雜，因此，我們介紹直線方程式常從斜率為開端，而不是從傾斜角。

定義 1–2

如果傾斜角 θ 不是 90° 的直線，我們用 $\tan\theta$ 表示這條直線的**斜率** (slope)，常記為 m。

注意，當傾斜角 $\theta=90^\circ$ 時，直線的斜率不存在。當 $m>0$ 時，其傾斜角為銳角，並且當斜率越大，則傾斜角越大；當 $m<0$ 時，其傾斜角為鈍角，並且當斜率越小，則傾斜角越大。

 1

設 $P(1, 1)$, $Q(4, 3)$，參見圖 1–8，試求直線 PQ 的斜率 m。

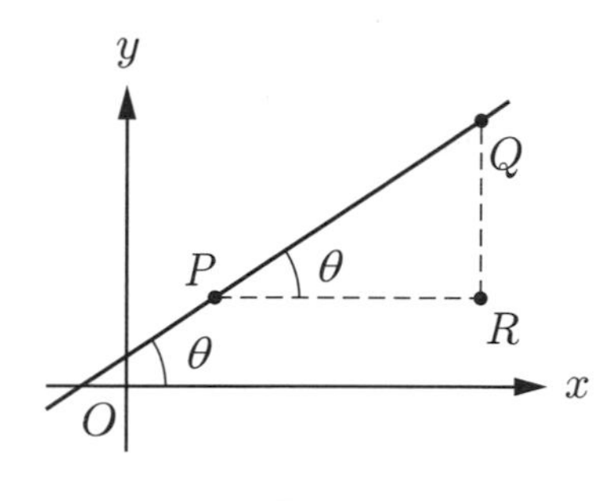

圖 1–8

解　因為 $\tan\theta=\dfrac{\overline{QR}}{\overline{PR}}=\dfrac{2}{3}$，所以直線 PQ 的斜率 $m=\dfrac{2}{3}$。 □

現在要讓斜率有坐標表示法，考慮斜直線 L 過相異二點 $P(x_1, y_1)$, $Q(x_2, y_2)$，參見圖 1–9。

當傾斜角 θ 為銳角時如圖 1–9（左），則直線斜率為

$$m=\tan\theta=\frac{y_2-y_1}{x_2-x_1}。$$

當傾斜角 θ 為鈍角時如圖 1–9（右），則直線斜率為

$$m=\tan\theta=-\tan(180^\circ-\theta)=-\frac{y_2-y_1}{x_1-x_2}=\frac{y_2-y_1}{x_2-x_1}。$$

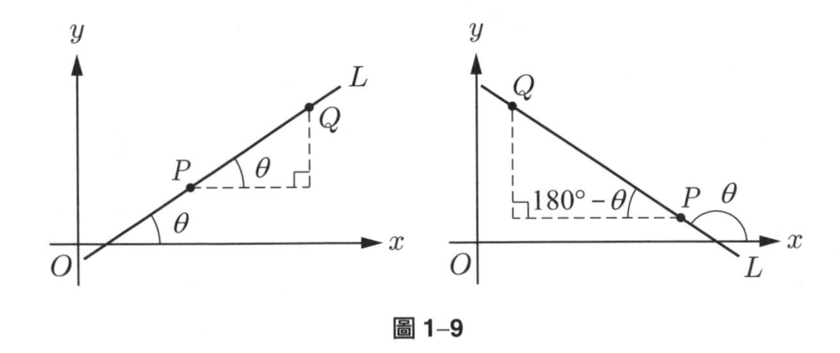

圖 1–9

其次，當 $x_1 = x_2$ 時，直線是鉛直線，斜率 m 不存在；當 $y_1 = y_2$ 時，直線是水平線，斜率 $m = 0$，因此當 $x_1 \neq x_2$ 時，則經過兩點 P, Q 的直線斜率為

$$m = \frac{y_2 - y_1}{x_2 - x_1}。 \tag{2}$$

早知道任意兩點決定唯一直線，從直觀就可察覺到，兩點必可決定直線的傾斜程度，這概念其實是斜率的代數式，如(2)式。在建立斜率過程中，通過代數運算研究幾何圖形的性質，真是美妙極了。

丙、直線的方程式

在歐氏幾何公理系統下，直線、點以及平面均只是一個直觀的圖形，不加以定義的，它們之間的關係是靠公理刻畫，到了解析幾何中，就可用坐標直接描述直線上的點。

有了直線方程式後，就可以完全掌握住整條直線，其上每一個點的名字，即是**坐標**，從而，我們可以對直線就能做更多且更精確的處理，這是多麼重大的突破！探索中會發現直線是屬於**一次的世界**。

1. 兩點式：給定直線上兩點的坐標

兩點決定一直線，給定直線上相異二點 $A(x_1, y_1)$ 與 $B(x_2, y_2)$，若 $P(x, y)$ 為異於 A, B 兩點的直線上一點，參見圖 1–10，則由 AA **相似定理**得到 $\triangle APD \sim \triangle ABC$。

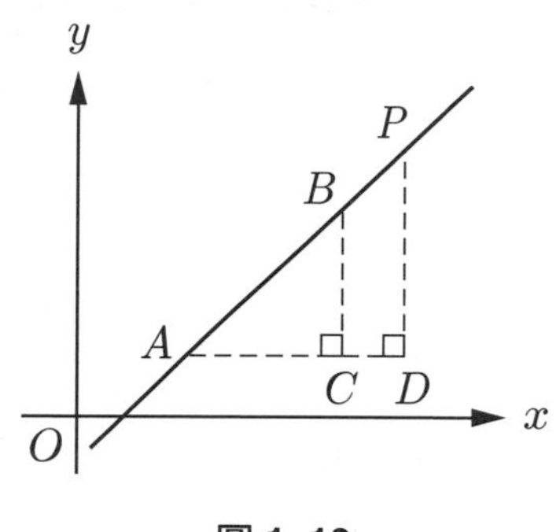

圖 1–10

於是

$$\frac{y-y_1}{x-x_1}=\frac{y_2-y_1}{x_2-x_1},\quad x_1\neq x_2 \qquad (\text{代表斜率相等}) \tag{3}$$

改寫為

$$y-y_1=\frac{y_2-y_1}{x_2-x_1}(x-x_1),\quad x_1\neq x_2 \tag{4}$$

我們把(4)式叫做直線方程式的**兩點式** (Two-Point Form)，其中 $\frac{y_2-y_1}{x_2-x_1}$ 是斜率。注意，(4)式不適用於水平線或鉛直線，特別是當 $x_1=x_2$ 時，方程式即是 $x=x_1$，即是鉛直線；當 $y_1=y_2$ 時，方程式即是 $y=y_1$，即是水平線。

2. 點斜式：給定直線上一點與斜率

兩點決定一直線，兩點坐標可決定直線的斜率，因此，將(4)式中 $\frac{y_2-y_1}{x_2-x_1}$ 改寫為斜率 m，則有

$$y-y_1=m(x-x_1) \tag{5}$$

我們把(5)式叫做直線方程式的**點斜式** (Point-Slope Form)，其中 m 是斜率。注意，當斜率為零時，代表水平線 $y=y_1$；但直線為鉛直線時，(5)式是不適用的。

3. 斜截式：給定直線上 y 軸截距與斜率

考慮斜率 m 與 y 軸截距 b 的直線，則 y 軸截距 b 代表過點 $(0, b)$，代入(5)式就得到

$$y-b=m(x-0) \quad 或者 \quad y=mx+b \tag{6}$$

我們把(6)式叫做直線方程式的**斜截式** (Slope-Intercept Form)，其中 m 是斜率且 y 軸截距 b。注意，直線為鉛直線時，(6)式是不適用的。事實上，**斜截式即是點斜式的特殊情況**。**斜截式**常被用來解題，除了簡化計算過程外，x 的係數即是斜率。

4. 截距式：給定 x, y 軸截距

考慮 x 軸截距 a 與 y 軸截距 b 的直線，則直線通過 $(a, 0)$ 與 $(0, b)$，代入(4)式就得到

$$y-0=\frac{b-0}{0-a}(x-a) \quad 或者 \quad bx+ay=ab$$

除以 ab 但 $a, b\neq 0$，得到

$$\frac{x}{a}+\frac{y}{b}=1 \quad (a,\ b\neq 0) \tag{7}$$

我們把(7)式叫做直線的**截距式** (Intercept Form)，其中 x 軸截距 a 與 y 軸截距 b。注意，(7)式除了不適用於水平線或鉛直線外，還有不適用過原點的直線。事實上，**截距式即是兩點式的特殊情況。截距式**常用來作圖，因為取坐標軸的交點，立即就找到 a, b，這直線的位置就立即確定，是很好製圖的代數式。

5. 牛頓差值公式：給定直線上兩點的坐標

在坐標平面上，點斜式事實上是可以與**牛頓一次插值公式**連結的，簡單敘述如下：給定二個點 $A(x_1, y_1)$, $B(x_2, y_2)$, $y_1\neq 0$，如何找到一直線 $y=ax+b$ 使得通過 A, B 二點呢?

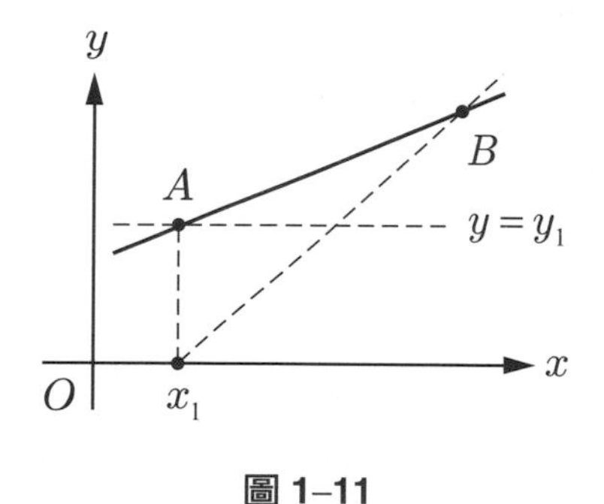

圖 1–11

先來建構直線 $y=ax+b$，其方式是利用因式定理，參見圖 1–11。第一步驟作通過 $A(x_1, y_1)$ 的水平線，即是 $y=y_1$。

第二步驟作通過 $(x_1, 0)$ 的直線，根據因式定理，可令 $y=a(x-x_1)$，於是通過 $A(x_1, y_1)$ 的直線就是

$$y=a(x-x_1)+y_1 \tag{8}$$

再考慮通過 $B(x_2, y_2)$，代入(8)式得到

$$y_2=a(x_2-x_1)+y_1$$

化簡得到 $a=\dfrac{y_2-y_1}{x_2-x_1}$，即是直線的斜率，代入(8)式得到

$$y=\frac{y_2-y_1}{x_2-x_1}(x-x_1)+y_1$$

這即是直線的點斜式，因此，**牛頓的一次插值公式就是直線的點斜式**。

在數學上，所有插值法裡，最簡單的莫過於**線性插值法** (Linear Interpolation)，它的概念就是任兩個相鄰的點之間必可以拉一條直線把它們連起來，利用直線上的斜率必為定值的特性，應用非常廣泛。

6. 行列式：給定直線上兩點的坐標

由直線兩點式如(4)式，將它交叉相乘展開後得到

$$xy_1+x_1y_2+x_2y-x_2y_1-x_1y-xy_2=0 \tag{9}$$

可用行列式形式表示

$$\begin{vmatrix} x & y & 1 \\ x_1 & y_1 & 1 \\ x_2 & y_2 & 1 \end{vmatrix}=0 \tag{10}$$

(10)式由行列式性質化簡，得到

$$\begin{vmatrix} x & y & 1 \\ x-x_1 & y-y_1 & 0 \\ x_2-x_1 & y_2-y_1 & 0 \end{vmatrix}=0 \Leftrightarrow \begin{vmatrix} x-x_1 & y-y_1 \\ x_2-x_1 & y_2-y_1 \end{vmatrix}=0$$

化簡就得到點斜式如(5)式，因此，(10)式也是直線方程式表示法之一，我們叫做直線的**行列式** (Determinant Form)。

7. 法線式：給定直線到原點的距離與傾斜角

假設直線到原點的距離為 p，與直線的法線 OA 對 x 軸的傾斜角為 θ，參見圖 1–12，則線段 OA 為 p，而直線的斜率為 $-\cot\theta$ 以及 $A(p\cos\theta,\ p\sin\theta)$。

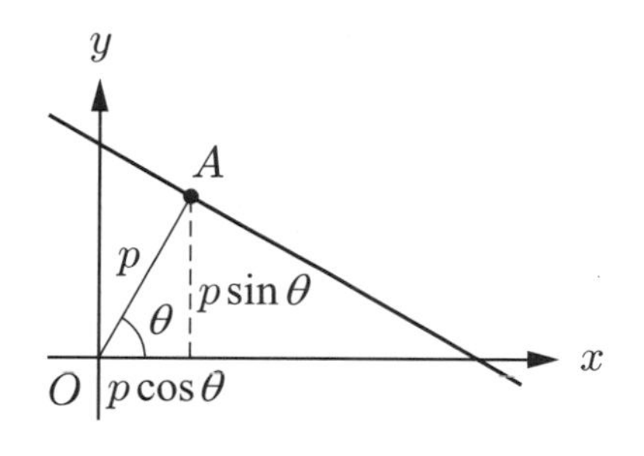

圖 1–12

由直線的**點斜式**，我們就有

$$y-p\sin\theta=-\cot\theta(x-p\cos\theta)$$

化簡得到

$$x\cos\theta+y\sin\theta-p=0 \tag{11}$$

我們把(11)式叫做直線的**法線式** (Normal Form)。

將(11)式中的 x, y 係數配合**平方關係**：$\sin^2\theta+\cos^2\theta=1$，那麼直線的一般式 $ax+by+c=0$ 轉換成法線式，形式如

$$\frac{a}{\pm\sqrt{a^2+b^2}}x+\frac{b}{\pm\sqrt{a^2+b^2}}y+\frac{c}{\pm\sqrt{a^2+b^2}}=0$$

因為 $\dfrac{-c}{\pm\sqrt{a^2+b^2}}$ 代表原點到該直線的距離 p，所以 c 與「±」是異號的。

例如：直線的一般式 $x-3y+5=0$ 轉換成法線式為

$$\frac{1}{\pm\sqrt{10}}x-\frac{3}{\pm\sqrt{10}}y+\frac{5}{\pm\sqrt{10}}=0。$$

因為 $-\dfrac{5}{\pm\sqrt{10}}$ 要代表原點到該直線的距離 p，所以「±」要取「−」，因此，直線的法線式為

$$-\frac{1}{\sqrt{10}}x+\frac{3}{\sqrt{10}}y-\frac{5}{\sqrt{10}}=0。$$

8. 參數式：給定直線上一點與方向向量

我們用傾斜角與斜率代表直線的傾斜程度，換句話說，它們就是描述了「**直線的方向**」。由於向量具有大小與方向，所以用它來描述直線的方向。如你從一點出發，沿著一個方向前進，行走的路徑就是一直線，於是我們有了「**一個點與一個非零向量決定一條直線**」的概念。

現在更具體說明上述的向量，其實就是**方向向量** (direction vector)。

定義 1–3

直線的方向用一個與直線平行的非零向量來表示，此向量叫做直線的一個**方向向量**，常記作 $\vec{v}$。

注意，用直線上的相異兩點 A, B 當成始點與終點，形成的有向線段就是直線的一個方向向量，方向向量並不唯一，同時它們都是互相平行的向量，如 $\overrightarrow{AB}$, $2\overrightarrow{AB}$, $-3\overrightarrow{AB}$, $\cdots$ 等等。

若 $P(x, y)$ 為直線上任一點，取一點 $Q(x_1, y_1)$，$\overrightarrow{OP}$ 與 $\overrightarrow{OQ}$ 表示位置向量，參見圖 1–13，那麼就會滿足 $\overrightarrow{OP}=\overrightarrow{OQ}+t\vec{v}$, $t\in\mathbb{R}$。簡言之，直線在平面中的位置，可由過一點以及一個方向向量完全確定。

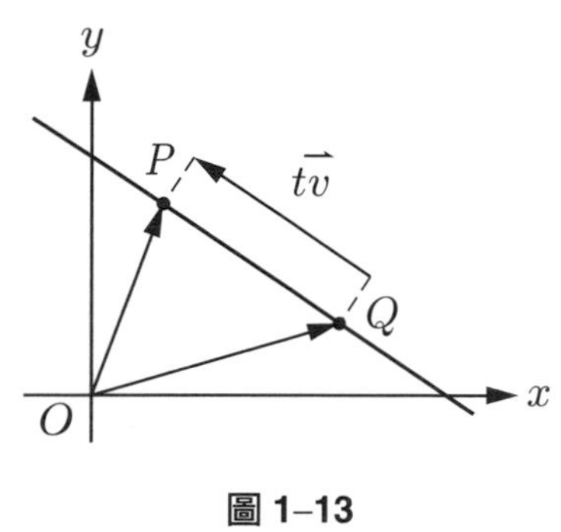

圖 1–13

如果取 $\vec{v}=(v_1, v_2)$，那麼代入 $\overrightarrow{OP}=\overrightarrow{OQ}+t\vec{v}$, $t\in\mathbb{R}$，我們得到

$$\begin{cases} x = x_1 + v_1 t \\ y = y_1 + v_2 t \end{cases}, \ t\in\mathbb{R} \tag{12}$$

在(12)式中 t 我們叫做**參數**，此式叫做直線的**參數式** (Parametric Form)。

注意，方向向量並不唯一，因此，直線的**參數式**也是不唯一。特別是給定一個參數 t 就得到直線上的一點，若 t 為任意實數，就形成直線上所有點；若 t 的範圍有限制，圖形就不是一直線，而可能是線段或射線。

9. 點向式

將(12)式中參數 t 消去，就可改寫為

$$\frac{x-x_1}{v_1}=\frac{y-y_1}{v_2} \tag{13}$$

我們把(13)式叫做直線的**點向式** (Point-Vector Form)，其中 v_1, v_2 均是不為零的實數。當 $v_1=0$，則直線為鉛直線 $x=x_1$；若 $v_2=0$，則直線為水平線 $y=y_1$。

10. 一般式

回顧前面九種直線方程式的表示法，皆可化二元一次方程式的形式為

$$ax+by+c=0 \tag{14}$$

我們把(14)式叫做直線的**一般式** (General Form)。

我們已談了十種直線方程式的表示法，綜合歸納如下：

兩點式： $y-y_1=\frac{y_2-y_1}{x_2-x_1}(x-x_1)$　　**點斜式：** $y-y_1=m(x-x_1)$

斜截式： $y=mx+b$　　**截距式：** $\frac{x}{a}+\frac{y}{b}=1$

牛頓差值式： $y=\frac{y_2-y_1}{x_2-x_1}(x-x_1)+y_1$　　**行列式：** $\begin{vmatrix} x & y & 1 \\ x_1 & y_1 & 1 \\ x_2 & y_2 & 1 \end{vmatrix}=0$

法線式： $x\cos\theta+y\sin\theta-p=0$

參數式： $\begin{cases} x=x_1+v_1t \\ y=y_1+v_2t \end{cases}$, $t\in\mathbb{R}$　　**點向式：** $\frac{x-x_1}{v_1}=\frac{y-y_1}{v_2}$

一般式： $ax+by+c=0$

事實上，**法線式**中的常數項之絕對值就是**原點到該直線的距離**，底下就用此概念論證出點到直線的距離公式：

點 $P(x_0, y_0)$ 到直線 $L: ax+by+c=0$ 的距離 d 為

$$\frac{|ax_0+by_0+c|}{\sqrt{a^2+b^2}}。$$

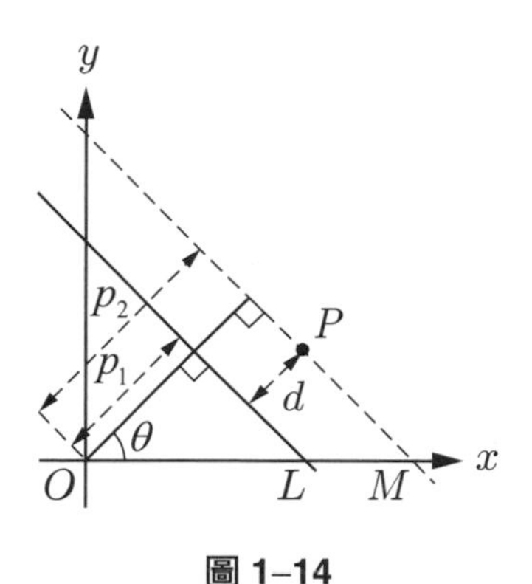

圖 1–14

證　明　過 $P(x_0, y_0)$ 作與直線 L 平行的直線 M，參見圖 1–14，則直線 L 與直線 M 的**法線式**為

$$\begin{cases} L: x\cos\theta + y\sin\theta - p_1 = 0 \\ M: x\cos\theta + y\sin\theta - p_2 = 0 \end{cases}$$

其中 $\cos\theta = \dfrac{a}{\pm\sqrt{a^2+b^2}}$, $\sin\theta = \dfrac{b}{\pm\sqrt{a^2+b^2}}$

我們就有

$$p_1 = \frac{-c}{\pm\sqrt{a^2+b^2}}$$

$$p_2 = x_0\cos\theta + y_0\sin\theta = x_0 \cdot \frac{a}{\pm\sqrt{a^2+b^2}} + y_0 \cdot \frac{b}{\pm\sqrt{a^2+b^2}}$$

因此，點 $P(x_0, y_0)$ 到直線 $L: ax+by+c=0$ 的距離為

$$d = |p_2 - p_1|$$
$$= \left|x_0 \cdot \frac{a}{\pm\sqrt{a^2+b^2}} + y_0 \cdot \frac{b}{\pm\sqrt{a^2+b^2}} - \frac{-c}{\pm\sqrt{a^2+b^2}}\right|$$
$$= \frac{|ax_0+by_0+c|}{\sqrt{a^2+b^2}}$$

■

丁、圓的方程式

圓稍為深一些，屬於**二次的世界**。根據歐氏的定義，平面上一個動點，保持著固定的距離，繞著一個固定點做運動，那麼此動點的軌跡就是一個圓，固定的距離叫做半徑，固定點叫做圓心。

《幾何原本》中**公設 3**：以任一點為圓心、任意長為半徑，可作一圓。

定理 1.2

在直角坐標平面上，半徑為 r 的圓，若圓心取為原點 (0, 0)，這叫做標準位置，則圓必可表為二次方程式

$$x^2+y^2=r^2 \tag{15}$$

反過來，集合

$$\{(x, y) \mid x^2+y^2=r^2\}$$

必為直角坐標平面上的一個半徑為 r 且圓心為 (0, 0) 的圓。當圓心取為 (h, k) 時，則圓的方程式為

$$(x-h)^2+(y-k)^2=r^2。 \tag{16}$$

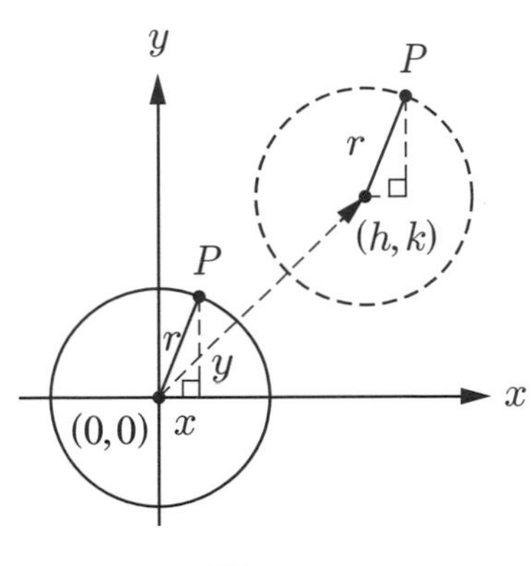

圖 1–15

證　明　考慮圖 1–15 中圓心為 $O(0, 0)$ 且半徑為 r 的圓，若 $P(x, y)$ 在圓上，那麼由距離公式得到

$$\overline{OP}=r\Leftrightarrow\sqrt{(x-0)^2+(y-0)^2}=r\Leftrightarrow x^2+y^2=r^2$$

其次，圓心平移至 (h, k) 時，P 點至圓心的距離仍是半徑 r，於是就有

$$(x-h)^2+(y-k)^2=r^2$$ ■

註　當半徑 $r=0$ 時，圓就退化為一個點 $(0, 0)$ 或 (h, k)，叫做**點圓** (point circle)。因此，點與圓是屬於同一個家族。

幾何的圓由其圓心與半徑唯一決定。同樣一個圓，由於圓心選取的位置不同，方程式的表現就會不同。圓心放在標準位置，方程式是最簡潔的情形。在(15)與(16)式中我們叫做圓的**標準式** (standard equation)。

現在將(16)式展開重排得到

$$x^2+y^2-2hx-2ky+h^2+k^2-r^2=0$$

形式可改為

$$x^2+y^2+Dx+Ey+F=0 \tag{17}$$

其中 D, E, F 為任意實數。

我們好奇地問：**滿足(17)式的圖形都是一個圓嗎?** 這答案是不對的。事實上，只要配方就有答案了！

例 2

判定下列二次方程式所代表的圖形。

(i) $x^2+y^2-2x-2y-7=0$

(ii) $x^2+y^2-2x-2y+2=0$

(iii) $x^2+y^2-2x-2y+3=0$

解 (i) 方程式配方得到

$$(x-1)^2+(y-1)^2=9$$

這是以 (1, 1) 為圓心且半徑為 3 的一圓。

(ii) 方程式配方得到

$$(x-1)^2+(y-1)^2=0$$

這是一點 (1, 1)。

(iii) 方程式配方得到

$$(x-1)^2+(y-1)^2=-1$$

這是一虛圓。 □

1.3 空間中直線方程式

歐氏綜合幾何看圖形如晨曦，具有朦朧之美，例如：一條直線在平面上（空間中）由兩點唯一決定，且一個面可說是由線所移動的軌跡，那麼有「點、直線、平面」就達到空間的基本要素，換言之，動點成線、動線成面以及動面成體。

空間直角坐標系中，透過「**向量**」，將空間中直線與平面的基本概念轉化成代數方程式來呈現它們，互相之間完全可以互換，除了反映直線與平面的各種面向外，更重要是與平面直線的類推關係。向量幾何出現足足比解析幾何晚了兩百年，它使得直線在空間中的簡明體現出來，且更加真切自然，也成為高維度直截了當推廣的工具。

但不可否認的，解析法將代數與幾何連成一體，除了在歐氏幾何中所熟悉的直線以及圓，甚至圓柱曲線以及圓錐曲線，皆可以對應到代數方程式。

平面上直線的方程式如此豐富，如兩點式、點斜式、斜截式、截距式、行列式、參數式、……等等，至於它們皆能類推至空間中直線方程式嗎?

由於在空間中沒有斜率，所以空間中直線方程式不會存在與斜率有關的表示式。而斜率代表直線的陡峭程度，在空間中我們用**方向向量** $\vec{v}$ 來取代斜率，因此，不論平面上或在空間中的直線，皆可說是由

一個點與一個非零向量決定一條直線。

1. 參數式：給一點與一方向向量

設平面上（空間中）的直線上任一點 $P(x, y)$ $(P(x, y, z))$，給定直線上一點 $Q(x_1, y_1)$ $(Q(x_1, y_1, z_1))$，且方向向量 $\vec{v}=(l, m)$ $(\vec{v}=(l, m, n))$，我們得到

在平面上，直線的**參數式**為

$$\begin{cases} x = x_1 + lt \\ y = y_1 + mt \end{cases},\ t \in \mathbb{R} \tag{18}$$

類推至在空間中，直線的**參數式**為

$$\begin{cases} x = x_1 + lt \\ y = y_1 + mt,\ t \in \mathbb{R} \\ z = z_1 + nt \end{cases} \tag{19}$$

上述的 t 叫做**參數**，把(19)式叫做直線的**參數式** (Parametric Equations)。注意，由於方向向量不唯一，因此，直線的**參數式**也是不唯一。你會發現同圖形可有不同的表示法，有時是同一個圖形，但由於不同的方式安置坐標系，表現方程式就不同，這些都是解析法下產生麻煩之事。

2. 對稱比例式：給一點與一方向向量

在(19)式中將參數 t 當成二個式子恆等條件，當 $lmn \neq 0$ 時，就可改寫為

$$\frac{x-x_1}{l} = \frac{y-y_1}{m} = \frac{z-z_1}{n} \tag{20}$$

注意，當 l, m, n 其中有一個為零時，(20)式改為

$$\frac{x-x_1}{l} = \frac{y-y_1}{m},\ z = z_1，\ 其中\ lm \neq 0,\ n = 0 \tag{21}$$

$$\frac{x-x_1}{l}=\frac{z-z_1}{n},\ y=y_1,\ \text{其中 } ln\neq 0,\ m=0 \tag{22}$$

$$\frac{y-y_1}{m}=\frac{z-z_1}{n},\ x=x_1,\ \text{其中 } mn\neq 0,\ l=0 \tag{23}$$

我們把(20)～(23)式叫做直線的**對稱比例式** (Symmetric Equations)。當方程式為 $\frac{x-1}{4}=\frac{y-2}{5},\ z=3$ 時，就知道直線過一點 (1, 2, 3) 且方向向量為 (4, 5, 0)。

3. 兩面式：給二個不平行的平面

我們注意到(20)式可改為

$$\begin{cases} y-y_1=\dfrac{m}{l}(x-x_1) \\ z-z_1=\dfrac{n}{m}(y-y_1) \end{cases} \tag{24}$$

這是兩平面的交集，交一直線。

將(24)式改寫形式為

$$\begin{cases} a_1x+b_1y+c_1z+d_1=0 \\ a_2x+b_2y+c_2z+d_2=0 \end{cases} \tag{25}$$

把(25)式叫做直線的**兩面式** (Two-Plane Equations)。

注意，取兩個平面的法向量 $\overrightarrow{n_1}=(a_1,\ b_1,\ c_1)$ 與 $\overrightarrow{n_2}=(a_2,\ b_2,\ c_2)$ 的外積，即是直線的方向向量。

又引出一段**笛卡兒**的話為證：

用代數術語，把一條直線、一條曲線表為方程式，對於我來說，美如荷馬史詩的伊里亞德。當我看到這個方程式，並且在我的手中解開了，散發出無窮的真理，全都無疑義，全都永恆，全都燦爛，我相信我已擁有打開一切神秘的鑰匙。

1.4 圓周率、圓的周長與面積

古希臘人認為，在平面圖形中，圓最完美且最對稱。圓讓文明轉動起來，所有的車輪都做成圓形，日常生活中的杯盤也是圓形，美觀兼實用。

中秋節時抬頭欣賞的滿月是圓形的，我們自然會問：

如何計算圓的周長與面積？

圓的大小完全由半徑 r（或直徑 $d=2r$）決定，因此，圓的周長 L 與面積 A 都跟 r 有關。從單位的觀點來思考，圓的周長是 r 的一次式，面積是二次式，精確的表達式是甚麼？

甲、相似形基本定理

任何兩個幾何圖形，若互相呈現為放大或縮小的關係，則稱此兩個圖形為**相似**。任何兩條有限長的線段相似，任何兩個圓也相似。

兩個三角形的相似有非常豐富的內容，變成平面幾何研究的核心。兩個三角形的三個內角（兩個就夠）對應相等，則它們相似。從而，對應邊成比例，並且兩三角形面積之比等於對應邊平方之比，也等於對應高的平方之比。

因為任何兩個圓都相似，所以兩圓周長之比等於直徑之比，兩圓面積之比等於半徑平方之比：

$$\frac{L_1}{d_1}=\frac{L_2}{d_2}=\pi_1 \quad 與 \quad \frac{A_1}{r_1^2}=\frac{A_2}{r_2^2}=\pi_2 \tag{26}$$

因此，圓的周長與面積分別為

$$L=\pi_1 d=2\pi_1 r \quad 與 \quad A=\pi_2 r^2 \tag{27}$$

底下我們要來證明 $\pi_1=\pi_2$。

乙、圓的周長與面積的關係

將圓的面積等分割為偶數份的扇形，排列成一個近似平行四邊形的區域。若圓的切割得越來越細時，排成的近似平行四邊形會越來越趨近於長方形，參見圖 1–16。長方形的長為半周長 $\frac{L}{2}$，高為半徑 r，所以面積為 $\frac{1}{2}Lr$。

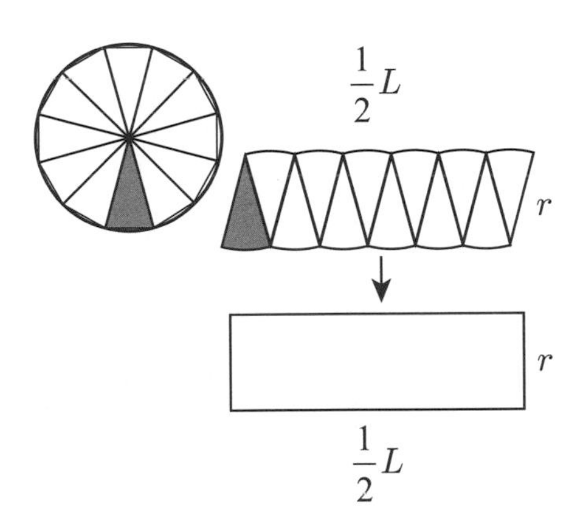

圖 1–16

面積在切割與重排之下不變，所以圓的面積 A 等於長方形的面積，因此

$$A=\frac{1}{2}Lr \tag{28}$$

我們也可以想像圓是由許多細線圈繞而成，沿著半徑剪開，拉直重排成一個三角形，底是 L，高是 r，參見圖 1–17，仍然得到(28)式。

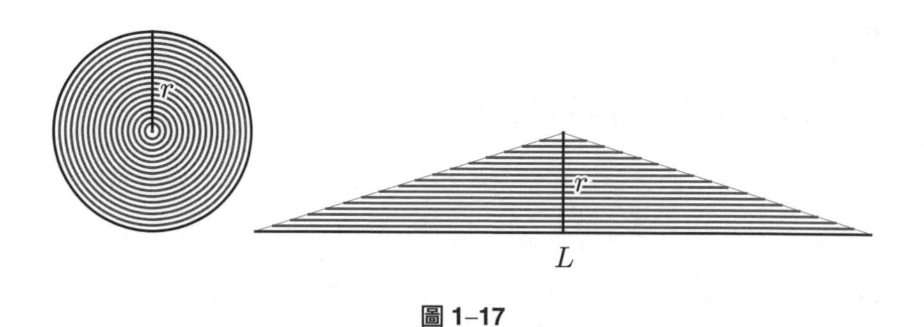

圖 1–17

丙、圓的周長與面積公式

由(27)式的 $L=2\pi_1 r$ 與(28)式，得到

$$A=\pi_1 r^2 \tag{29}$$

由(27)式的 $A=\pi_2 r^2$ 與(28)式，得到

$$L=2\pi_2 r \tag{30}$$

周長與面積公式只有一個，所以 $\pi_1=\pi_2$，我們用 π 來表示，叫做**圓周率**。

從而圓的周長與面積公式分別為

$$L=2\pi r \quad 與 \quad A=\pi r^2 \tag{31}$$

圓周率 π 有兩重意義：圓周與直徑的比值，圓面積與半徑平方的比值。

面積當然比長度困難。世界上各民族從生活實踐中，首先注意到

的是圓的周長 L 與直徑 d 的關係，因而流傳有「周三徑一」的說法，用直徑去度量圓周，結果大約是 3，還剩一點。後來才認識到，這個比值為一個常數，跟圓的大小無關。

丁、阿基米德的追尋 π

有了神祕的 π 之後，世界上產生了追 π 族，阿基米德是早期開山的偉大人物。單位圓（半徑為 1）的面積為 π；半徑為 $\frac{1}{2}$ 的圓，其周長也是 π。

阿基米德由計算單位圓的面積來求 π，由內接與外切正 6 邊形開始，讓邊數逐次加倍，一直到 96 邊形。顯然

圓內接正 96 邊形的面積 $<\pi<$ 圓外切正 96 邊形的面積

經過辛苦的計算得到

$$3+\frac{10}{71}<\pi<3+\frac{10}{70} \tag{32}$$

以 $\sqrt{3}\approx 1.732$，代入(32)式得到

$$\underline{3.14}08450\cdots<\pi<\underline{3.14}285714\cdots \tag{33}$$

令人驚奇的是，由(33)式得到常用圓周率 π 的近似值為 3.14，這跟現在精細值 3.14159265 ⋯ 相當逼近。

戊、扇形的面積

將圓的面積公式 $A=\pi r^2$ 改寫為

$$A=\pi r^2=\frac{1}{2}(2\pi)r^2 \tag{34}$$

這是圓心角為 2π 的扇形面積。因此，若扇形的圓心角為 θ，就得到

$$\text{扇形的面積}=\frac{1}{2}\theta r^2。 \tag{35}$$

總結本節的結果如下：

定理 1.3

設一圓的半徑為 r 及一扇形的半徑為 r 且圓心角為 θ，則

(i)圓周長為 $2\pi r$。

(ii)圓面積為 πr^2。

(iii)扇形的面積為 $\frac{1}{2}\theta r^2$。

1.5 直線與圓的交響曲

直線、**圓**與**直線形**交織成為歐氏的圖形世界，相當單純。但令人讚嘆的是，研究這些圖形的性質與規律，居然可以得到豐碩而美麗的結果，並且可以組織成嚴密的**公理演繹系統**，使得處處可以且必須**講究證明**，到達令人嘆為觀止的境界。現在就帶著讀者欣賞直線與圓的美麗交響曲。

甲、尺規作圖：直線與圓

在數學上，對於大部分初等幾何知識皆來自於**歐幾里得**的巨著**《幾何原本》**裡，內容有 13 卷 (*books*)，它告訴我們要研究圖形的性質，應從決定這圖形的語言開始，因此，開宗明義定義出

定義 1.「**點**是沒有部分的。」

點是沒有大小，只是在空間裡的一個位置。

定義 2.「**線**只有長度而沒有寬度。」

更清楚說明，如果連接兩個點的線就是**線段** (line segment)；如果將線段的兩個端點分別無限延長，就得到**直線** (line)。

定義 4.「**面**只有長度和寬度。」

想像將一張紙放在地上，它可以朝任意方向延伸，這個無限大又平的地面，就叫做**平面** (plane)。

定義 19.「**直線形**是由直線圍成的圖形，如由三條直線圍成的直線形叫做**三角形**，由四條直線圍成的直線形叫做**四邊形**，由四條以上直線圍成的直線形叫做**多邊形**。」

注意，以上僅列四個，書中共有 23 個**定義**，緊接著 5 條**幾何公設**（**只適用於幾何**）以及 5 條**普遍公理**（**到處適用**）。

公設 1. 過任意兩點可連成一直線。(叫做**直線公設**)

公設 2. 線段（有限直線）可以任意地延長。

公設 3. 以任一點為圓心，任意長為半徑，可作一圓。(叫做**圓公設**)

公設 4. 所有直角都相等。(叫做**角公設**)

公設 5. 兩直線被第三條直線所截，如果同側兩內角和小於兩個直角，則兩直線作延長時在此側會相交。(叫做**平行公設**)

以及

公理 1. 與同一事物相等的事物相等。

公理 2. 相等的事物加上相等的事物仍然相等。

公理 3. 相等的事物減去相等的事物仍然相等。

公理 4. 彼此能重合的物體是全等。

公理 5. 整體大於部分。

上述前三條公設就是**尺規作圖公設，用來定出直線與圓**。古希臘人把尺規作圖當成數學重要的課題，他們制訂出「直尺」和「圓規」的作圖規則：

直尺必須沒有刻度、無限長，且圓
規可以開至無限寬、亦沒有刻度。

事實上，用尺規作出的圖形，再配合正確的邏輯推理，得到證明。因此，**歐幾里得**建立的初等幾何，成為古希臘的理性主義在數學上最重要的成就，也是公理系統的一個光輝典範，使得後世許多數學家與科學家都沉醉於它，就連哲學家**康德**（I. Kant，1724～1804 年）都曾說：

如果你想要知道什麼是數學，那麼你只需研讀歐氏的《原本》。
(If you want to know what mathematics is, just look at Euclid's Elements.)

還有近代物理學家**愛因斯坦**閱讀《**幾何原本**》後有了啟示：

幾何學的這種明晰性和可靠性給我留下了一種難以形容的印象。

乙、空無→點→圓→直線

直線是平直不彎曲，但圓是有彎曲，如何去衡量彎曲程度呢？數學上是用**曲率** (Curvature) 來代表曲線彎曲或偏離直線的程度，就是曲線上某點的切線斜角對弧長的轉動率，記為 κ（唸作 Kappa）。

對於圓而言，它是完全對稱的圖形，處處的彎曲程度都一樣，半徑越小，彎曲的程度越大；半徑越大，彎曲的程度越小，所以定義 $\kappa = \dfrac{1}{r}$ 是適切的。

直線沒有彎曲，所以**直線的曲率就是 0**。

其實，一個點在平面上均勻膨脹就得到一個圓，讓圓的半徑逐漸加大，乃至趨近於無窮大，圓就趨近於直線。我們也可以從方程式觀點與曲率觀點來考察。因此，點、圓與直線是在脹縮動態之下是同一家族，叫做

圓的家族：空無→點→圓→直線。

我們列於下表：

幾何圖形	空無	點	圓	直線
方程式	$x^2+y^2=-3$	$x^2+y^2=0$	$x^2+y^2=r^2$	$ax+by+c=0$
半徑	負數	$r=0$	$r>0$	$r=\infty$
曲率	無	$\kappa=\infty$	$\kappa=\dfrac{1}{r}$	$\kappa=0$

圖形如下：

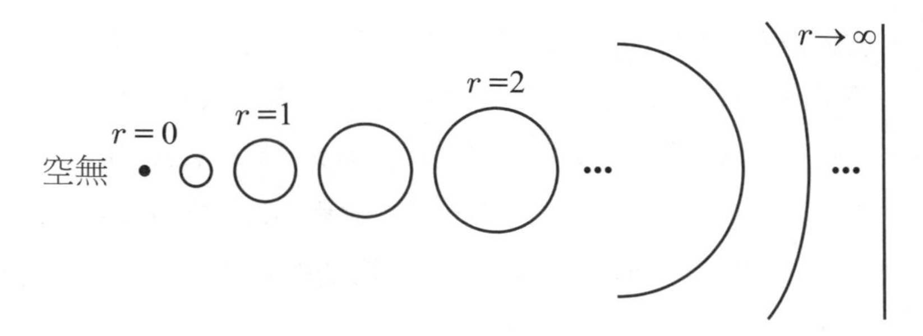

圖 1–18：點→圓→直線就是半徑從 0 至 ∞

空無、點、圓以及直線有了兼容的觀點，把直線看作是圓的極端特例。往後還將直線與圓動出**圓柱曲面、圓錐曲面**，再作出圓柱曲線與圓錐曲線，最後統合為**二次曲線**，展現出豐富的連貫幾何知識，一脈相承。

曙

越過萬重高山
霧迷隱隱
暗夜穹蒼
雲升騰在天之外
五彩的霞光
舞動
穿雲破霧
灑落在圓柱上

勾勒出橢圓
晨露幻成彩虹
烘托飛揚的生機
破曉的晨鐘
在夜的盡頭
敲響
冉冉升起的
等待

第2章

圓柱曲線

直線與圓交織研究清楚後，古希臘人接著問：

還有什麼新的曲線可以研究？

我們想到的是用平面去截取曲面，得到的截痕就是各種平面曲線，其中可能會有新的且有趣的曲線。

古希臘人熟悉的曲面有球面、圓柱曲面以及圓錐曲面。

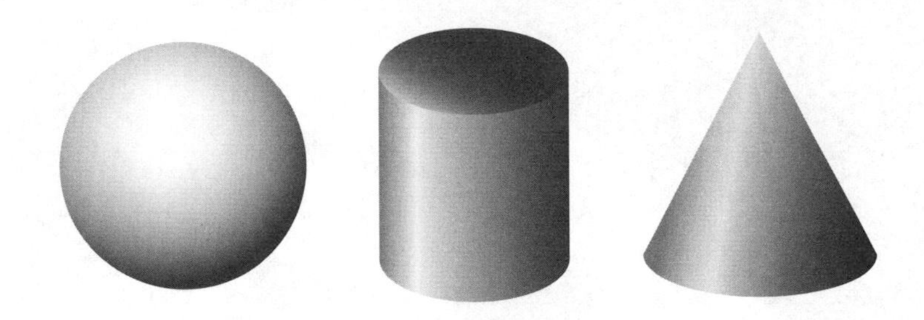

首先，用平面去截取球面，得到 2 種曲線：相切時得到一個點，相交時得到一個圓，兩者都是熟知的曲線，所以並沒有產生新的曲線。

其次，用平面去截取圓柱面，得到**圓柱曲線**，這是本章的主題。最後，用平面去截取圓錐面，得到**圓錐曲線**，這是下一章的主題。這兩者都產生了新的曲線。

2.1 什麼是圓柱曲線

在 1.5 節中提到直線與圓互動產生的曲線，那麼在空間中，直線與圓能動出什麼樣的曲面？又這曲面與平面能截出什麼曲線？

甲、圓柱體與圓柱曲面

在日常生活中我們可以看見各種立體圖形，參見圖 2–1，它們分別是立方體、圓柱與圓錐。這又可分成整個實體與表面圖形，例如對於圓柱的情形，有**圓柱體** (cylinder) 與**圓柱曲面** (cylindrical surface)。

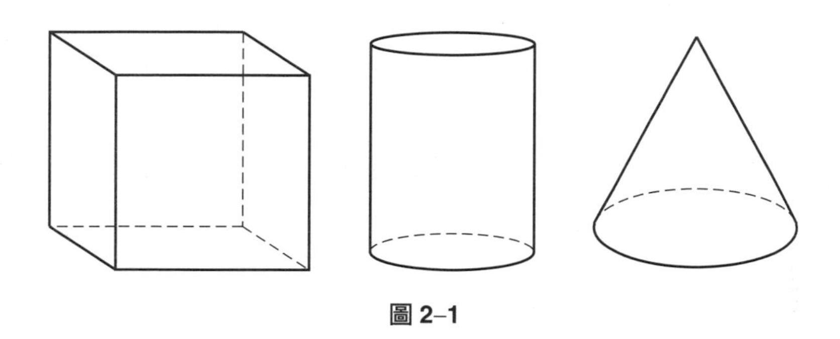

圖 2–1

圓柱可以用直線與圓在空間中產生出來。用熟悉的已知圖形做出新的圖形，這正是古希臘人的用心所在，也是事物發展與生長的自然道理。

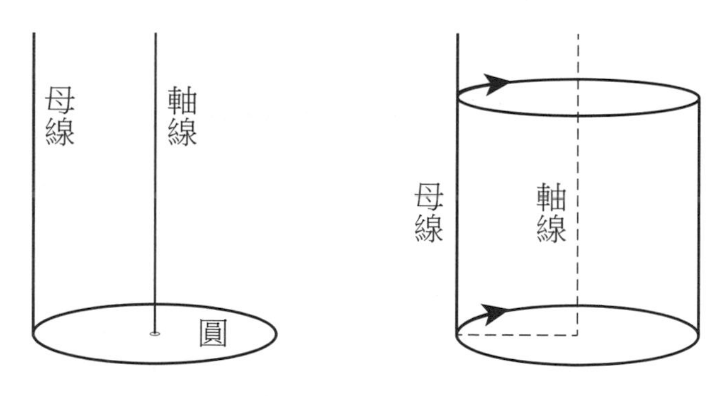

圖 2–2：圓柱曲面

定義 2–1

平面上有一個圓，還有一直線垂直於平面並且接觸著圓，因此，直線與圓都落在空間中。現在讓直線沿著圓周作運動並且保持跟平面垂直，那麼此直線就動出一個曲面，叫做**圓柱曲面**，參見圖 2–2，這條動線叫做生成圓柱的**母線** (generatrix)，並且過圓心與母線平行的固定直線叫做生成圓柱的**軸線** (axis)。

註 圓柱底面是圓形，側面是曲面，透過剪刀剪一剪就可得到圓柱曲面的展開圖，參見圖 2–3。

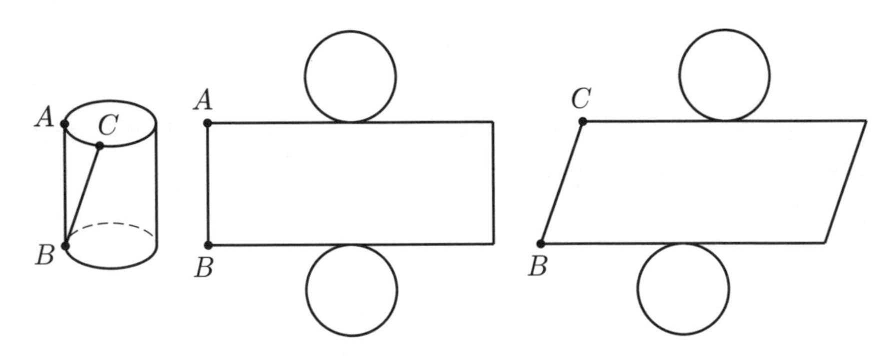

圖 2–3：圓柱曲面的展開圖

乙、圓柱曲線

在日常生活中，我們都看過切削甘蔗的情形。甘蔗是圓柱形，一根垂直的甘蔗，斜切得到橢圓形截面，水平切得到圓形截面。

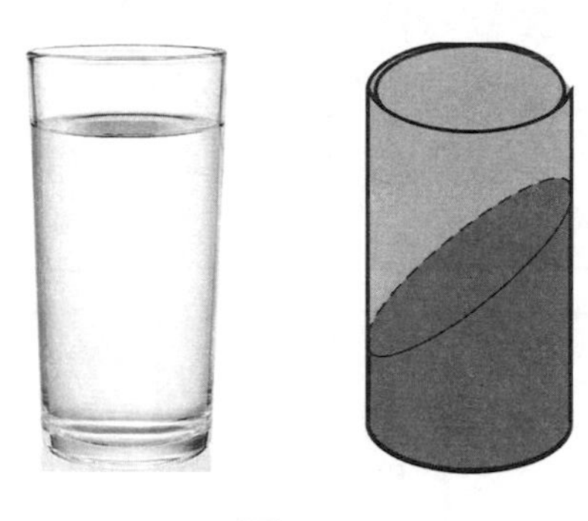

圖 2–4

另外，我們也看過圓柱形玻璃杯裝水的情形。杯面保持水平時，水面是圓形，杯面稍微歪斜時，水面是橢圓形。參見圖 2–4。

現在考慮，用平面以不同的方向對圓柱曲面做交截，會得到什麼曲線呢?

定義 2–2

圓柱曲面與平面的截痕叫做**圓柱曲線** (cylinder section)，參見圖 2–5。當平面平行軸線切著圓柱曲面的邊緣時，得到**一直線** AB；當平面平行軸線切著圓柱曲面時，得到**兩平行直線** CD 與 EF；當平面垂直軸線切著圓柱曲面時，得到**圓**；當平面斜切著圓柱曲面時，得到一條封閉曲線叫做**橢圓**。

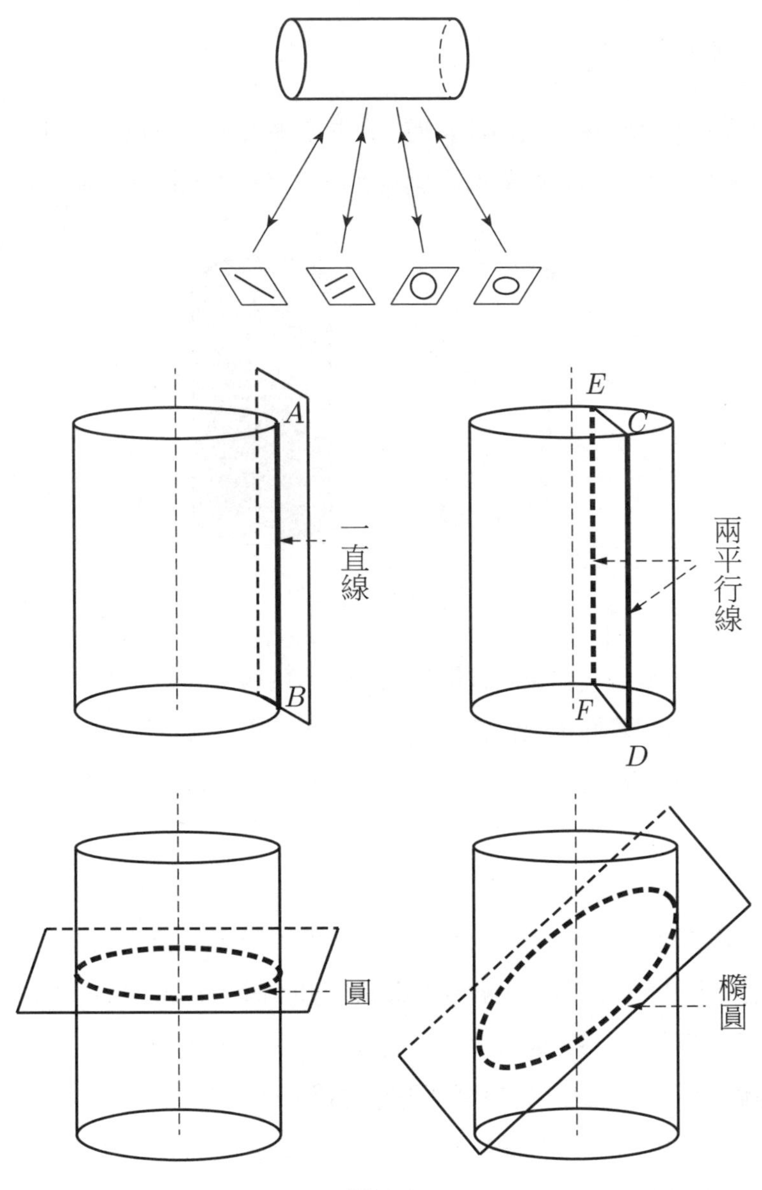

圖 2–5

因此，圓柱曲線有 4 種：一直線、兩條平行線、圓與橢圓。前三者都是熟知的，只有最後的橢圓是新生的圖形。一直線、兩條平行線稱為**退化的圓柱曲線**。事實上，一直線是由兩條平行線重合而成的。另外，圓是橢圓的特例，橢圓是圓的推廣。有了新生的橢圓，古希臘人就熱情地研究它，並且發現了它的規律。這是歐氏幾何之後的重要突破。

值得一提，人類從圓的輪子文明進化到圓柱的文明，特別是建造希臘國寶**帕德嫩神殿** (Parthenon Temple)，殿中還灌注了希臘文化的精髓，永垂不朽的屹立著，是了不起的成就，象徵著人類歷史的發展和進步，更是建築藝術的登峰造極之作。美國思想家**愛默生**（Ralph Waldo Emerson，1803～1882 年）歌頌著：

> 帕德嫩神殿傲立於地球上，宛如世上最珍貴的寶石。

2.2　圓的三種刻畫

為了探求橢圓的規律，我們先探討特例的圓。圓有許多種刻劃，這裡我們只舉出常見的三種。根據每一種刻畫都順便推導出方程式。

甲、歐氏的刻畫

圓的最原始刻畫（定義）是歐氏給出的：

> 在平面上給一個定點與動點，此動點跟此定點保持固定的距離，那麼動點所形成的軌跡就是**圓**。

若圓 C 的半徑為 a 並且圓心為直角坐標系的原點 $O(0, 0)$，則有

$$P(x, y) \in C \Leftrightarrow \overline{OP} = a$$

$$\Leftrightarrow \sqrt{(x-0)^2 + (y-0)^2} = a, \text{ 兩點的距離公式（畢氏定理）}$$

$$\Leftrightarrow x^2 + y^2 = a^2$$

這叫做圓在**標準位置的標準方程式**，或寫成如下的形式：

$$\frac{x^2}{a^2} + \frac{y^2}{a^2} = 1 \tag{1}$$

這方便於跟橢圓方程式作比較。

乙、泰利斯的刻畫

泰利斯定理是說，半圓的圓周角必為直角。反過來的逆定理也成立：若一點 P 對 $\overline{AB}$ 所張的角為 90 度，則 P 點必落在以 $\overline{AB}$ 為直徑的圓周上。結論是

P 點在以 $\overline{AB}$ 為直徑的圓周上 $\Leftrightarrow$ P 對 $\overline{AB}$ 所張的角為 90 度。

今假設 $\overline{AB}$ 端點的坐標為 $A(-a, 0), B(a, 0)$，並且 $P(x, y)$ 為圓周上任一點，則向量 $\overrightarrow{AP} \perp \overrightarrow{BP}$，故兩向量的內積為 0。因為

$$\overrightarrow{AP} = (x+a, y), \overrightarrow{BP} = (x-a, y)$$

所以

$$(x+a, y) \cdot (x-a, y) = (x+a)(x-a) + y^2 = 0$$

從而得到圓的方程式為

$$x^2 + y^2 = a^2。$$

丙、阿波羅尼奧斯的刻畫

但是這兩種刻畫都不適合於推展到圓柱曲線與圓錐曲線。我們要來探求另外一種刻畫，適合於推展到圓錐曲線的情形。

圓內兩交弦定理： 假設 $\overline{AB}$ 與 $\overline{PQ}$ 為圓內兩交弦，相交於 N，參見圖 2–6，則有

$$\overline{PN}\cdot\overline{NQ}=\overline{AN}\cdot\overline{NB}。$$

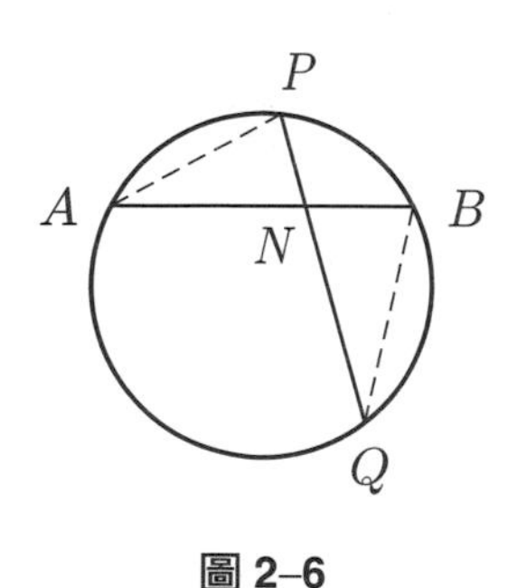

圖 2–6

證明 在圖 2–6 中，當兩交弦交於 N，得 $\angle ANP=\angle BNQ$，連接 AP, BQ，得到 $\angle PAB=\angle PQB$，由泰利斯定理得到 $\triangle APN\sim\triangle QBN$，就有

$$\frac{\overline{AN}}{\overline{PN}}=\frac{\overline{QN}}{\overline{BN}}$$

因此 $\overline{PN}\cdot\overline{NQ}=\overline{AN}\cdot\overline{NB}$。 ■

又由對稱性知若 $\overline{PN}=\overline{NQ}$，於是我們就有

定理 2.1

（圓的刻畫條件）

假設 $\overline{AB}$ 為圓的直徑，並且 $\overline{PQ} \perp \overline{AB}$，則有

$$\overline{PN}^2 = \overline{AN} \cdot \overline{NB}。 \tag{2}$$

反過來，滿足(2)式的 P 點必落在以 $\overline{AB}$ 為直徑的圓上，參見圖 2–7。

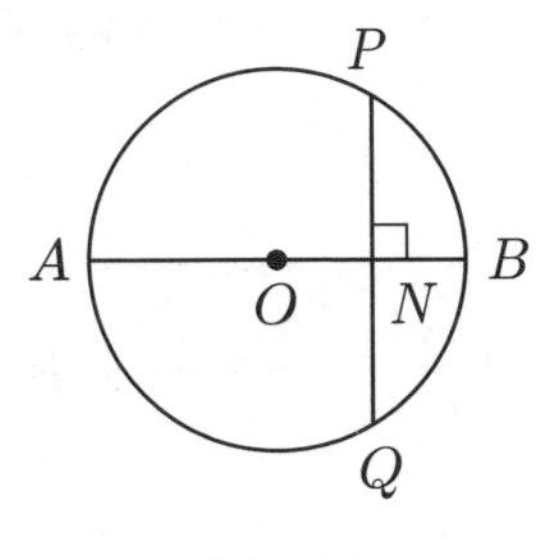

圖 2–7

註 若 P 不在圓上，則(2)式為不等號：

當 P 在圓內時，則有

$$\overline{PN}^2 < \overline{AN} \cdot \overline{NB}。$$

當 P 在圓外時，則有

$$\overline{PN}^2 > \overline{AN} \cdot \overline{NB}。$$

根據(2)式我們立即可求出圓的方程式：在圖 2–7 中，假設圓的半徑為 a，且 P 點的坐標為 $P(x, y)$，則 $\overline{AN} = a + x$, $\overline{NB} = a - x$。因此，由(2)式就得到

$$\begin{aligned} P\text{ 點在圓上} &\Leftrightarrow y^2 = (a + x)(a - x) \\ &\Leftrightarrow x^2 + y^2 = a^2 \end{aligned}$$

這是圓在標準位置上的標準方程式。

若圓心 O 取在 (h, k)，半徑仍是 a，由(2)式同理可得到圓的方程式為 $(y-k)^2=(a+x-h)(a-x+h)$，亦即

$$(x-h)^2+(y-k)^2=a^2 \tag{3}$$

展開來並且整理

$$x^2+y^2-2hx-2ky+(h^2+k^2-a^2)=0$$

記 $2D=-2h,\ 2E=-2k,\ F=h^2+k^2-a^2$，則上式變成

$$x^2+y^2+2Dx+2Ey+F=0 \tag{4}$$

這叫做**圓的一般方程式**。反過來，利用配方法也可將(4)式改寫成(3)式。

在許多情況下，要判別方程式的圖形為一個圓時，當然(3)式比(4)式有用。不過(4)式方便於跟二次曲線接軌，參見本書的第 4 章。

定理 2.2

（圓的標準方程式）

在坐標平面上，若一個圓的圓心為 (h, k)，半徑為 a，則圓的方程式為

$$(x-h)^2+(y-k)^2=a^2。$$

1

若圓的圓心為 $(-1, 2)$，半徑為 $\sqrt{3}$，則它的方程式為

$$(x+1)^2+(y-2)^2=3$$

這又可以展開且化簡為

$$x^2+y^2+2x-4y+2=0。$$ □

【問題 1】給圓的一般方程式 $x^2+y^2-4x+6y+9=0$，求圓心的坐標與半徑。

2.3 橢圓的兩種刻畫

接著我們要來探求橢圓的兩種刻畫條件。第一種是透過圓的刻畫，導致對橢圓的刻畫。令平面 $C'P'D'$ 平行於底面並且跟平面 APQ 相交如圖 2–8 所示，則 $\overline{P'Q'}\perp\overline{AN'}$ 且 $\overline{P'Q'}\perp\overline{C'D'}$。

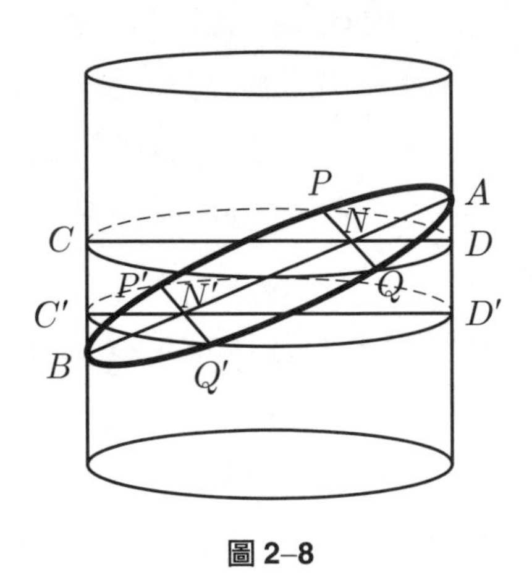

圖 2–8

根據圓的刻畫條件

$$\overline{PN}^2=\overline{CN}\cdot\overline{ND},\ \overline{P'N'}^2=\overline{C'N'}\cdot\overline{N'D'} \tag{5}$$

加上因為 $\triangle AND\sim\triangle AN'D'$ 且 $\triangle BNC\sim\triangle BN'C'$，所以

$$\frac{\overline{AN}}{\overline{AN'}}=\frac{\overline{ND}}{\overline{N'D'}}\quad\text{且}\quad\frac{\overline{BN}}{\overline{BN'}}=\frac{\overline{CN}}{\overline{C'N'}}$$

兩式相乘得到

$$\frac{\overline{AN}}{\overline{AN'}}\cdot\frac{\overline{BN}}{\overline{BN'}}=\frac{\overline{ND}}{\overline{N'D'}}\cdot\frac{\overline{CN}}{\overline{C'N'}}$$

再將(5)式代入上式得到

$$\frac{\overline{PN}^2}{\overline{P'N'}^2}=\frac{\overline{AN}}{\overline{AN'}}\cdot\frac{\overline{BN}}{\overline{BN'}}$$

所以我們就有

定理 2.3

（橢圓的刻畫條件）

在圖 2–9 中，假設 P 為橢圓上任意一點，且 $\overline{PN}\perp\overline{AB}$，則有

$$\overline{PN}^2=k\overline{AN}\cdot\overline{NB} \tag{6}$$

其中 $0<k<1$。

註 由(2)式知，當 $k=1$ 時，(6)式就是圓的刻畫。

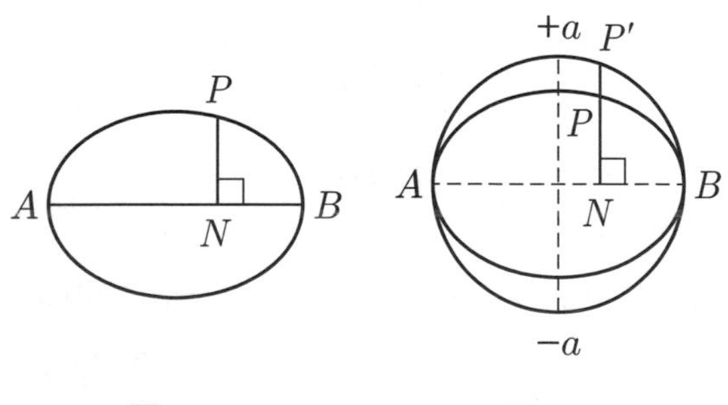

圖 2–9　　圖 2–10

根據(6)式，我們來推導橢圓的方程式：將橢圓安置在直角坐標系的標準位置上，設 $P(x, y)$ 為橢圓上任一點，且 $A(a, 0)$, $B(-a, 0)$, $a>0$，則

$$P\text{ 點落在橢圓上} \Leftrightarrow y^2 = k(a-x)(a+x)$$
$$\Leftrightarrow \frac{x^2}{a^2} + \frac{y^2}{ka^2} = 1$$
$$\Leftrightarrow \frac{x^2}{a^2} + \frac{y^2}{b^2} = 1 \tag{7}$$

其中 $b^2 = ka^2$ 或 $k = \frac{b^2}{a^2}$。

(7)式就是橢圓的標準方程式。

比較圓與橢圓的刻畫條件，在圖 2–10 中，$\overline{P'N}^2 = \overline{AN} \cdot \overline{NB}$ 且 $\overline{PN}^2 = k\overline{AN} \cdot \overline{NB}$，因為 $\overline{P'N} > \overline{PN}$，所以比例常數 k 滿足 $0<k<1$。 ■

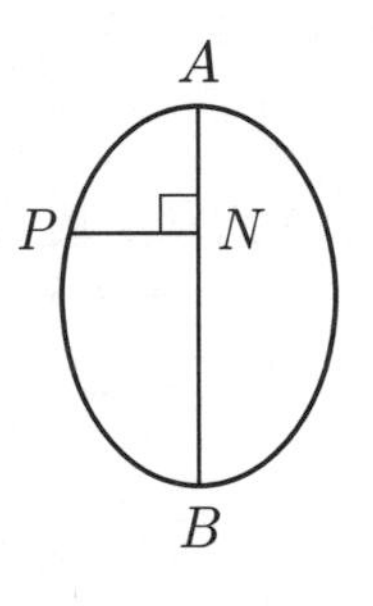

圖 2–11

同理，若將 A, B 的坐標改為在 y 軸上的兩點 $A(0, b)$, $B(0, -b)$, $b>0$，參見圖 2–11，則用同樣的方式，我們得到橢圓的標準方程式：

$$\frac{x^2}{b^2} + \frac{y^2}{a^2} = 1。$$

接著我們來探求橢圓更常見的另一種刻畫條件。這是比利時的力學教授**丹德林**（Germinal Pierre Dandelin，1794～1847 年）在 1822 年發現的。

定理 2.4

（橢圓的焦點刻畫）

在圖 2–12 中，在圓柱的橢圓面的上下各放置一個大小相同的球，切於圓柱面並且切橢圓面於 F_1 與 F_2 兩點，叫做**焦點**。設 P 為橢圓上任一點，則

$$\overline{PF_1}+\overline{PF_2}=\text{定數}。$$

我們稱這兩個球為 Dandelin 球。

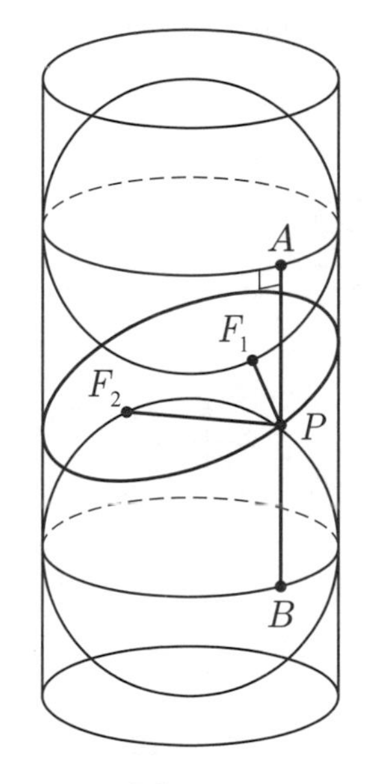

圖 2–12

證 明 因為由球外一點對球所作的切線段皆相等，所以我們有 $\overline{PF_1}=\overline{PA}$ 並且 $\overline{PF_2}=\overline{PB}$。於是

$$\overline{PF_1}+\overline{PF_2}=\overline{PA}+\overline{PB}=\overline{AB}=\text{定數}。$$ ■

本章我們用圓柱曲面與平面的截痕來定義橢圓，第 3 章我們再用圓錐曲面與平面的截痕來定義橢圓，結果我們會發現這兩種定義的橢圓之刻畫是相同的，沒有區別。事實上，圓柱是圓錐的特例，只要將圓錐的頂點推到無窮遠處，圓錐就變成圓柱。

定理 2.5

（橢圓的標準方程式）

假設橢圓的兩個焦點為 $F_1(c, 0)$, $F_2(-c, 0)$ 且 $P(x, y)$ 為平面上一點。如果令 $\overline{PF_1}+\overline{PF_2}=2a$，則橢圓的方程式為

$$\frac{x^2}{a^2}+\frac{y^2}{b^2}=1$$

其中 $b^2=a^2-c^2$（畢氏定理），參見圖 2–13。

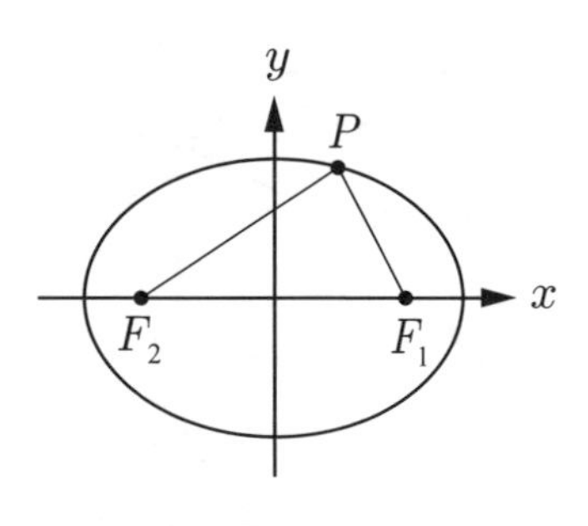

圖 2–13

證　明　由橢圓的焦點刻畫知，

$P(x, y)$ 點在橢圓上

$$\Leftrightarrow \sqrt{(x-c)^2+y^2}+\sqrt{(x+c)^2+y^2}=2a$$

$$\Leftrightarrow \sqrt{(x-c)^2+y^2}=2a-\sqrt{(x+c)^2+y^2}$$ （平方再化簡）

$$\Leftrightarrow a\sqrt{(x+c)^2+y^2}=cx+a^2$$

再平方再化簡

$$(a^2-c^2)x^2+a^2y^2=a^2(a^2-c^2) \quad \text{或} \quad \frac{x^2}{a^2}+\frac{y^2}{a^2-c^2}=1$$

因為 $a>c$，故可令 $a^2-c^2=b^2$，於是得到橢圓的標準方程式

$$\frac{x^2}{a^2}+\frac{y^2}{b^2}=1。$$

反過來，上述步驟都可以逆推回去。■

注意，取定數為 $2a$ 是要讓橢圓定調為**長軸** (major axis) 是 $2a$，參見圖 2–14；又根據畢氏定理，取 b 滿足 $b^2=a^2-c^2$ 或 $a^2=b^2+c^2$ 是要讓橢圓的**短軸** (minor axis) 為 $2b$，參見圖 2–15；至於橢圓的作圖，參見圖 2–16。

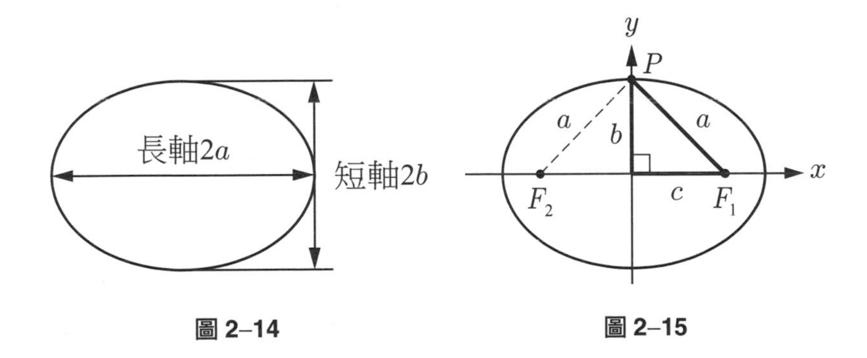

圖 2–14　　**圖 2–15**

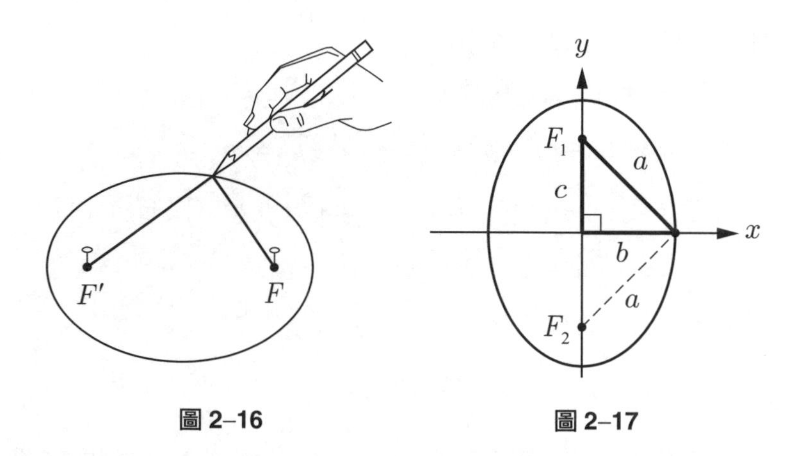

圖 2–16　　圖 2–17

觀察特例：當兩個焦點趨近原點，跟原點合一時，$c=0$, $b=a$，橢圓就變成圓，原點為圓心，半徑為 a，直徑為 $2a$。

【推　論】若橢圓的兩個焦點為 $F_1(0,\ c)$, $F_2(0,\ -c)$，且 $\overline{PF_1}+\overline{PF_2}$ $=$ 定數 $=2a$，則橢圓的方程式為 $\dfrac{y^2}{a^2}+\dfrac{x^2}{b^2}=1$, $a>b$，參見圖 2–17。

例 2

如圖 2–18 中一個圓形的紙片，圓心為 O 且 F 點為圓內一定點，且 A 點為圓周上一動點，把紙片折疊使 A 與 F 重合後，其折痕為 $\overline{BC}$（B, C 點在圓上）。若 $\overline{BC}$ 與 $\overline{OA}$ 相交於 P 點，則 P 點的軌跡為橢圓。

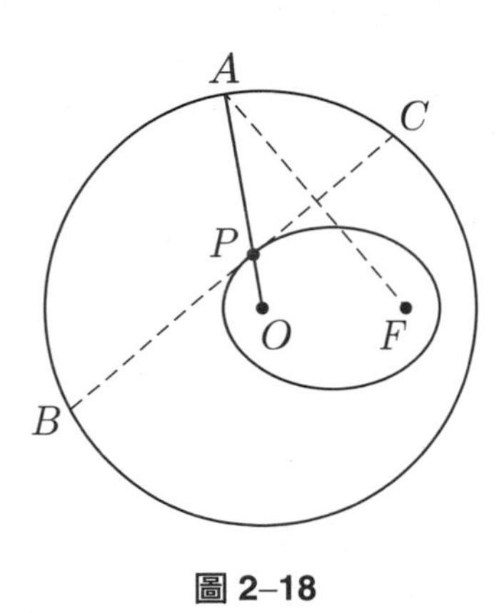

圖 2–18

證 明 折疊使 A 與 F 重合後，就知道線段 AF 的中垂線為 $\overline{BC}$，所以 $\overline{PA}=\overline{PF}$，就有

$$\overline{PO}+\overline{PF}=\overline{PO}+\overline{PA}=\overline{OA}=\text{半徑}>\overline{OF}$$

因此 P 點的軌跡為橢圓。 ■

【問題 2】 證明例 2 中的直線 BC 是橢圓的切線。

【問題 3】 證明橢圓 $\frac{x^2}{b^2}+\frac{y^2}{a^2}=1$ 是由 $\frac{x^2}{a^2}+\frac{y^2}{b^2}=1$ 作「鏡射」而得，其鏡射軸為 $y=x$。

2.4 圓與橢圓的關係

圓與橢圓的標準方程式分別為

$$\frac{x^2}{a^2}+\frac{y^2}{a^2}=1 \quad （直徑為 2a）$$

以及

$$\frac{x^2}{a^2}+\frac{y^2}{b^2}=1 \quad （長軸為 2a，短軸為 2b）$$

兩者相像，關係密切。

圓只有一個焦點，即圓心；橢圓有兩個焦點。一個圓心裂解為兩個焦點，稱為圓的兩元化得到橢圓；兩個焦點重合為一個圓心，稱為橢圓的單元化得到圓。這樣的觀點很有用且方便。

法國大文豪**雨果**（Victor Hugo，1802～1885 年）說：

> 人生並不是一個圓，只有一個圓心，而是一個橢圓具有兩個焦點，一個是現實，另一個是理想。
> (Mankind is not a circle with a single center but an ellipse with two focal points of which facts are one and ideas the other.)

本小節我們先介紹圓與橢圓的參數式，然後再探討它們的面積關係。

甲、橢圓是圓的壓扁或拉伸

給一個橢圓 $\dfrac{x^2}{a^2}+\dfrac{y^2}{b^2}=1,\ a>b>0$，就伴隨有兩個圓：

$$\text{外接圓 } \frac{x^2}{a^2}+\frac{y^2}{a^2}=1 \quad \text{與} \quad \text{內接圓 } \frac{x^2}{b^2}+\frac{y^2}{b^2}=1\text{。}$$

我們可以想像，將內接圓左右橫向拉伸，就得到橢圓；另一方面，將外接圓上下縱向壓扁，也得到橢圓。參見圖 2–19。

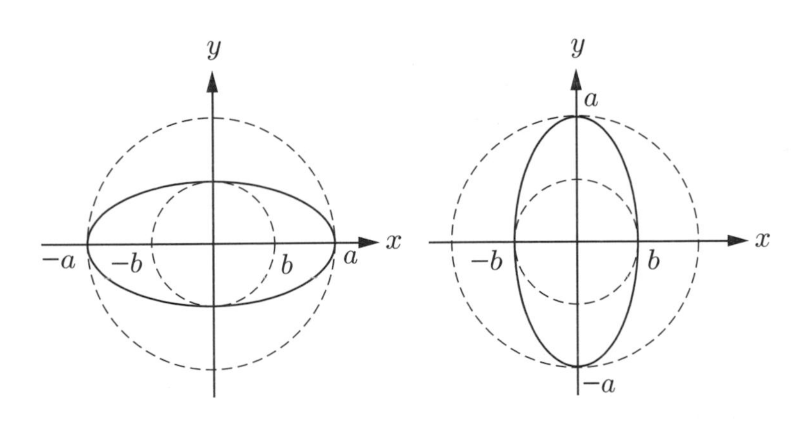

圖 2–19

乙、圓的普通參數式

假設 $P(x,\ y)$ 是圓 $\dfrac{x^2}{a^2}+\dfrac{y^2}{a^2}=1$ 上的動點並且 $\overline{OP}$ 與 x 軸正向的夾角為 θ，由圖 2–20 與 $\cos^2\theta+\sin^2\theta=1$（畢氏定理），立即得到

$$\begin{cases} x=a\cos\theta \\ y=a\sin\theta \end{cases},\ 0\le\theta<2\pi$$

這叫做**圓的普通參數式** (parametric form)，θ 叫做**參數** (parameter)。

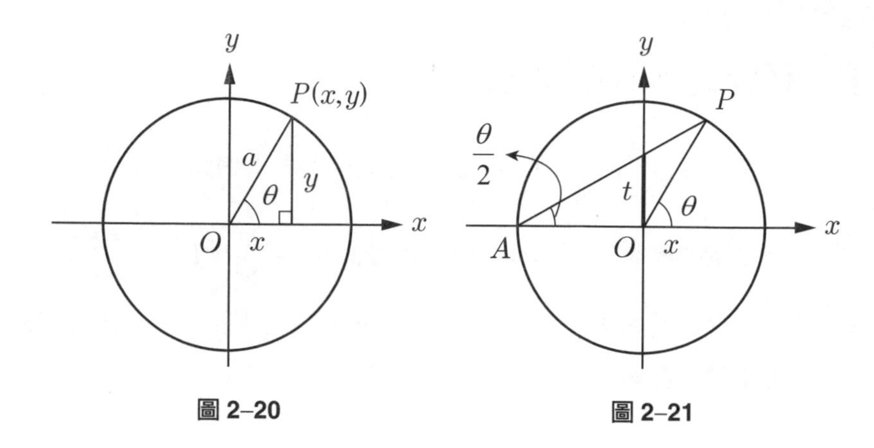

圖 2–20　　圖 2–21

若圓心改為 (h, k)，則新圓的方程式變成

$$\frac{(x-h)^2}{a^2}+\frac{(y-k)^2}{a^2}=1$$

將原參數方程式作平移就得到

$$\begin{cases} x=h+a\cos\theta \\ y=k+a\sin\theta \end{cases},\ 0\le\theta<2\pi$$

這就是新圓的參數方程式。

丙、圓的有理參數式

為了簡便起見，我們考慮單位圓的情形（半徑為 1)，如圖 2–21 我們定義 $t=\tan(\frac{\theta}{2})$，則 $\cos(\frac{\theta}{2})=\frac{1}{\sqrt{1+t^2}}$，$\sin(\frac{\theta}{2})=\frac{t}{\sqrt{1+t^2}}$。於是

$$x=\cos\theta=2\cos^2(\frac{\theta}{2})-1=\frac{1-t^2}{1+t^2}$$

$$y=\sin\theta=2\sin(\frac{\theta}{2})\cos(\frac{\theta}{2})=\frac{2t}{1+t^2}$$

從而

$$\begin{cases} x = \dfrac{1-t^2}{1+t^2} \\ y = \dfrac{2t}{1+t^2} \end{cases}, \ t \in \mathbb{R}$$

這叫做**圓的有理參數式** (rational parametric form)，t 叫做**參數**。在微積分中，作三角有理函數的積分時，這是常用的變數代換技巧。

丁、橢圓的參數式

對於橢圓的情形，假設 $P(x, y)$ 是橢圓 $\dfrac{x^2}{a^2} + \dfrac{y^2}{b^2} = 1$ 上的動點，立即看出

$$\begin{cases} x = a\cos\theta \\ y = b\sin\theta \end{cases}, \ 0 \le \theta < 2\pi$$

為**橢圓的參數式**。但是要注意，角度 θ 並不是 $\overline{OP}$ 的方向角！

首先我們觀察到，橢圓上的點到中心的距離 $\overline{OP}$ 是變動的，這是整個麻煩所在。但是橢圓夾在它的外接圓與內接圓之間，這兩個圓的半徑是固定的。參見圖 2–22。

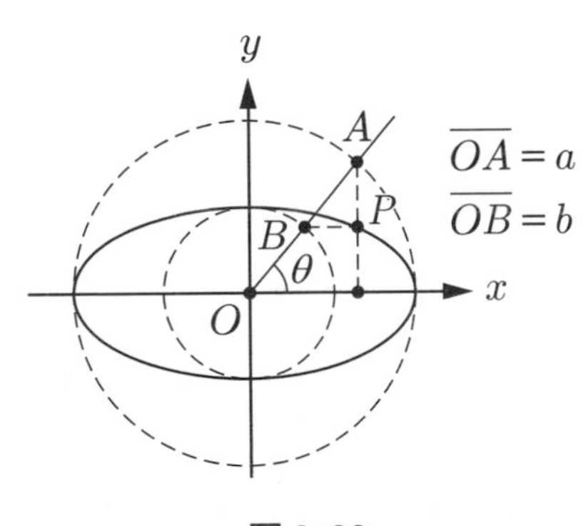

圖 2–22

外接圓 $x^2+y^2=a^2$ 的參數方程式為

$$\begin{cases} x=a\cos\theta \\ y=a\sin\theta \end{cases},\ 0\le\theta<2\pi$$

而內接圓 $x^2+y^2=b^2$ 的參數方程式為

$$\begin{cases} x=b\cos\theta \\ y=b\sin\theta \end{cases},\ 0\le\theta<2\pi$$

圓的參數式是那麼顯然，橢圓介於外接圓與內接圓這兩者之間，所以橢圓的參數式很自然各取一半，亦即 x 取外接圓的部分，y 取內接圓的部分

$$\begin{cases} x=a\cos\theta \\ y=b\sin\theta \end{cases},\ 0\le\theta<2\pi$$

代入 $\frac{x^2}{a^2}+\frac{y^2}{b^2}=1$ 也恰好符合。

對於上述的論述，我們作精確的證明。在圖 2–22 中，令 $P(x, y)$ 為橢圓上任一點，過 P 點作鉛直線交外接圓於 A 點，並且作水平線交內接圓於 B 點。我們先證明 O, A, B 三點共線，為此我們只要證明直線 OA 與 OB 的斜率相等就好了。因為

$$A(x,\ \sqrt{a^2-x^2}),\ B(\sqrt{b^2-y^2},\ y)$$

先假設 A 與 B 為第一象限。考慮直線 OA 的斜率 m_A 減去直線 OB 的斜率 m_B

$$m_A-m_B=\frac{\sqrt{a^2-x^2}}{x}-\frac{y}{\sqrt{b^2-y^2}}=\frac{\sqrt{a^2-x^2}\sqrt{b^2-y^2}-xy}{x\sqrt{b^2-y^2}}$$

$$=\frac{\sqrt{a^2b^2-b^2x^2-a^2y^2+x^2y^2}-xy}{x\sqrt{b^2-y^2}}=0$$

連結直線 OA，令直線 OA 的方向角為 θ，則我們容易看出 P 點的坐標

為 $x=a\cos\theta,\ y=b\sin\theta$。這就是橢圓的參數方程式。當 A 與 B 為其他象限時，同理可證。

上述是橢圓的中心在原點 (0, 0) 的情形。若橢圓的中心改為 $(h,\ k)$，則新橢圓的方程式變成

$$\frac{(x-h)^2}{a^2}+\frac{(y-k)^2}{b^2}=1$$

將原參數方程式作平移就得到

$$\begin{cases} x=h+a\cos\theta \\ y=k+b\sin\theta \end{cases},\ 0\le\theta<2\pi$$

這就是新橢圓的參數方程式。

戊、橢圓的面積

就用**兩元化觀點**來看圓與橢圓的性質，於是給定一個圓方程式為 $x^2+y^2=a^2$，寫成更方便的形式：

$$\frac{x^2}{a^2}+\frac{y^2}{a^2}=1。\tag{8}$$

然而橢圓是圓的壓扁，如圖 2–19 中的橢圓，與(8)式圖形比較，會發現圖形水平方向不變但垂直方向伸縮 $\dfrac{b}{a}$ 倍，就得到橢圓的方程式為

$$\frac{x^2}{a^2}+\frac{(\frac{a}{b}y)^2}{a^2}=1 \quad \text{或者} \quad \frac{x^2}{a^2}+\frac{y^2}{b^2}=1。$$

同理給定一個圓面積為 πa^2，就可以看成 πaa，就可類推出**橢圓面積**為 πab。

義大利數學家**卡瓦列里**（Cavalieri，1598～1647 年），他是積分學先驅者之一，提出**卡瓦列里原理** (Cavalieri's principle)：

介於兩平行線之間有兩個平面圖形，分別以同樣固定的間距畫下平行線，若對應的部分的長度相等，則兩圖形的面積也相等。

將**卡瓦列里原理**推廣為

介於兩平行線之間有兩個平面圖形，分別以同樣固定的間距畫下平行線，若對應的部分長度比例為一常數，則兩圖形的面積比也會等於這個常數。

我們就利用卡瓦列里原理推導橢圓面積公式。給定一橢圓 $\frac{x^2}{a^2}+\frac{y^2}{b^2}=1$ 與一圓 $x^2+y^2=b^2$，參見圖 2–23。作任一垂直於 y 軸的直線 $y=b\sin\theta$，並且交 y 軸於 R 點，交橢圓於 Q, Q' 兩點以及交小圓於 P, P' 兩點，則

$$P(b\cos\theta,\ b\sin\theta),\ P'(-b\cos\theta,\ b\sin\theta)$$
$$Q(a\cos\theta,\ b\sin\theta),\ Q'(-a\cos\theta,\ b\sin\theta)$$

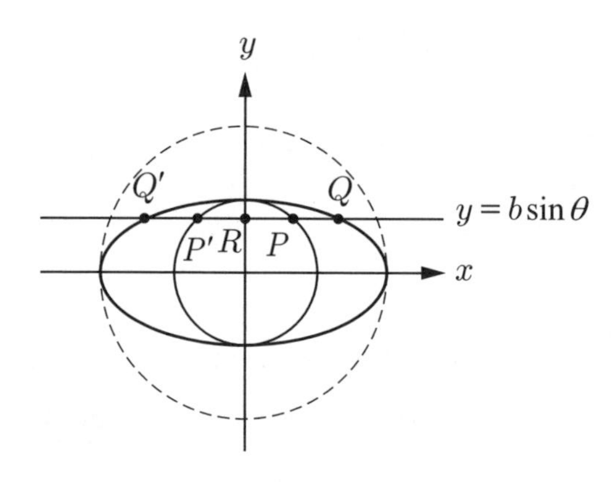

圖 2–23

於是

$$\frac{\overline{PR}}{\overline{QR}} = \frac{\overline{PP'}}{\overline{QQ'}} = \frac{b}{a}$$

由**卡瓦列里原理**得到

$$\frac{\text{小圓面積}}{\text{橢圓面積}} = \frac{b}{a}$$

又圓面積為 πb^2，使得橢圓面積 $= \frac{a}{b} \cdot \pi b^2 = \pi ab$。 ■

2.5 兩個應用例子

甲、泰利斯圓族

泰利斯定理的推廣就是圓周角定理：同弧所對應的圓周角相等。反過來也成立：對一個線段張相同角度的點落在一個圓上，此圓叫做**泰利斯圓**。

注意，如果在 $\overline{AB}$ 同側的張角為固定的 θ，則在另一側的張角為固定的 $180° - \theta$，兩者互補。參見圖 2–24。

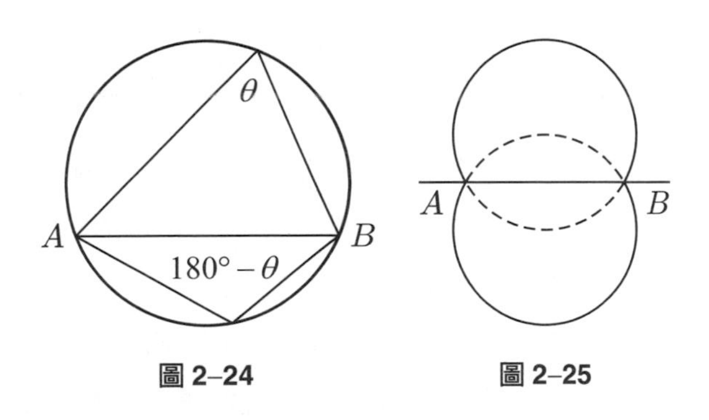

圖 2–24　　**圖 2–25**

例 3

(泰利斯的圓族)

在平面上給一個固定線段 AB，我們要來探討，對此線段張角相同的點所成的軌跡。若張角為 $\theta=180°$，則軌跡為線段 AB 本身；若張角為 $\theta=0°$，則軌跡為含 $\overline{AB}$ 的直線扣掉 $\overline{AB}$ 的部分。因此，在下面的討論中，我們要假設 $\theta\neq 0°$ 且 $\theta\neq 180°$。也假設 $A(-1,\ 0)$, $B(1,\ 0)$，這樣比較簡潔且不失其一般性。

首先考慮 θ 為銳角的情形。令 $P(x,\ y)$ 為軌跡上任意點，由題設條件與內積的定義知

$$(x+1,\ y)\cdot(x-1,\ y)=\sqrt{(x+1)^2+y^2}\sqrt{(x-1)^2+y^2}\cos\theta$$

$$\Rightarrow[(x^2-1)+y^2]^2=\lambda^2[(x+1)^2+y^2][(x-1)^2+y^2]\text{，其中 }\lambda=\cos\theta \quad (0<\lambda<1)$$

$$\Leftrightarrow(x^2+y^2-1)^2=\lambda^2[(x^2+y^2-1)+2(x+1)][(x^2+y^2-1)-2(x-1)]$$

$$\Leftrightarrow u^2(1-\lambda^2)=4\lambda^2y^2\text{，其中 }u=x^2+y^2-1,\ u-y^2=x^2-1$$

$$\Leftrightarrow u^2=4\frac{\lambda^2}{1-\lambda^2}y^2=4\delta^2y^2\text{，其中 }\delta=\frac{\lambda^2}{(1-\lambda^2)}>0$$

$$\Leftrightarrow(x^2+y^2-1)^2-4\delta^2y^2=0$$

$$\Leftrightarrow(x^2+y^2-1-2\delta y)(x^2+y^2-1+2\delta y)=0$$

$$\Leftrightarrow x^2+(y-\delta)^2=1+\delta^2 \quad\text{或}\quad x^2+(y+\delta)^2=1+\delta^2$$

前者是以 y 軸上的點 $(0,\ \delta)$ 為圓心，$r=\sqrt{1+\delta^2}$ 為半徑之圓。後者是以 y 軸上的點 $(0,\ -\delta)$ 為圓心，$r=\sqrt{1+\delta^2}$ 為半徑之圓；兩者的半徑相同。這是在圖 2–25 中，通過 A, B 兩點上下對稱的兩個大圓弧。

上面各式都可以逆推回去，只有第一式到第二式是透過平方操作，所以無法逆推回去（例如 $a=2\Rightarrow a^2=4$，逆推回去得到 $a=\pm 2$，多產

生 $a=-2$)。如果我們堅持要逆推回去，會得到另一個 $-\lambda$ 所對應的答案

$$-\lambda=-\cos\theta=\cos(180°-\theta)$$

這表示除了在一側的銳角 θ 所對應的圓弧之外（圖 2–25 的實線圓弧），還有另一側的鈍角 $180°-\theta$ 所對應的圓弧（圖 2–25 的虛線圓弧），實虛兩個圓弧形成一個完整的圓，叫做**泰利斯圓**，見圖 2–25。對應各種 λ 值，從而對應各種 δ 值作出泰利斯圓，就得到**泰利斯圓族**，參見圖 2–26。

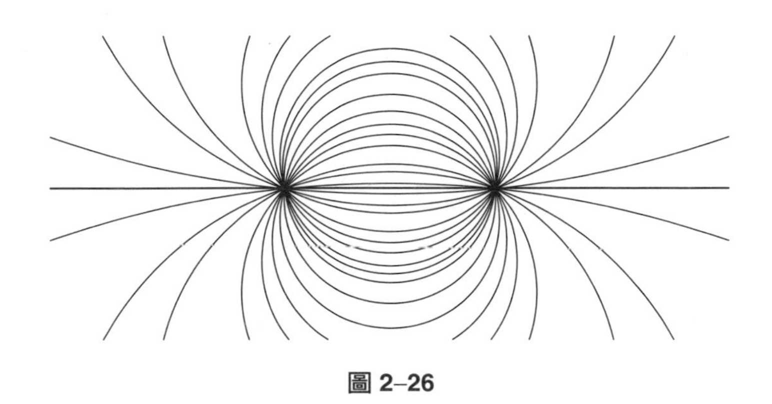

圖 2–26

乙、阿波羅尼奧斯圓族

如果在平面上有一動點 P 跟兩個定點 A 與 B 皆保持等距，即 $\overline{PA}=\overline{PB}$，那麼此動點所成的軌跡為一直線，就是線段 AB 的垂直平分線。再者，如果 P 點到 A 點的距離是 P 點到 B 點的距離之 λ 倍（λ 為正實數），即 $\overline{PA}=\lambda\cdot\overline{PB}$，那麼 P 點的軌跡會是什麼曲線呢?

定理 2.6

（垂直平分線與 Apollonius 圓族）

在坐標平面上，假設 $A(x_1, y_1)$, $B(x_2, y_2)$ 為兩點，若動點 P 滿足 $\overline{PA}=\lambda\cdot\overline{PB}$，其中 λ 為正實數，令 P 點的軌跡為 Γ，則

(i) 當 $\lambda=1$ 時，Γ 為 $\overline{AB}$ 的垂直平分線。

(ii) 當 $\lambda\neq 1$ 時，Γ 為一圓，此圓稱為**阿波羅尼奧斯圓** (the circle of Apollonius)。

證明 我們用解析幾何來證明。不失其一般性，設 $A(-1, 0)$, $B(1, 0)$，則直線 AB 為 x 軸。令 Γ 為滿足 $\overline{PA}=\lambda\cdot\overline{PB}$（其中 $\lambda>0$）的所有點 $P(x, y)$ 所成的圖形，則

$$P\in\Gamma \Leftrightarrow \frac{\sqrt{(x+1)^2+y^2}}{\sqrt{(x-1)^2+y^2}}=\lambda \tag{9}$$

(i) 當 $\lambda=1$ 時，(9)式等價於 $x=0$，故 Γ 為 y 軸，這是 $\overline{AB}$ 的垂直平分線。

(ii) 當 $\lambda\neq 1$ 時，(9)式等價於

$$\sqrt{(x+1)^2+y^2}=\lambda\sqrt{(x-1)^2+y^2}$$

兩邊平方後加以整理，就得到圓的標準式

$$\left(x-\frac{\lambda^2+1}{\lambda^2-1}\right)^2+y^2=\left(\frac{2\lambda}{\lambda^2-1}\right)^2 \tag{10}$$

這表示 Γ 為一個圓，它的

圓心為 $\left(\frac{\lambda^2+1}{\lambda^2-1}, 0\right)$，半徑為 $\frac{2\lambda}{\lambda^2-1}$。 ■

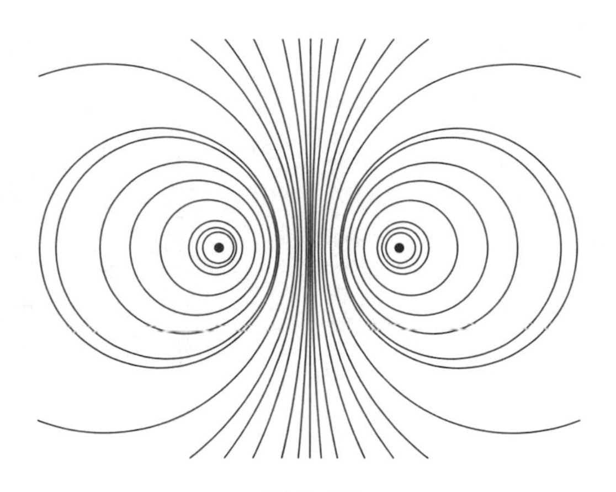

圖 2–27

今讓 λ 在 $0<\lambda<\infty$ 中變動，就得到一族的圓，叫做**阿波羅尼奧斯圓族** (the circles of Apollonius)，參見圖 2–27。當 $0<\lambda<1$ 時，圖形為左側的一族圓；當 $\lambda=1$ 時，圖形為直線，即 $\overline{AB}$ 的垂直平分線；當 $1<\lambda<\infty$ 時，圖形為右側的一族圓；當 $\lambda\to 0$ 時，圖形為 A 點（點圓）；當 $\lambda\to\infty$ 時，圖形為 B 點（點圓）。

阿波羅尼奧斯的圓家族展現著**點**、**圓**與**直線**屬於同一家族，參見圖 2–27。這兩個家族（圖 2–26 與圖 2–27）的面貌都呈現出對稱之美。

黎明

金光閃閃刺破
暗夜的穹蒼
逼退了戀棧的星晨
歡呼著
圓錐裡的黎明

五光十色的晨曦
彩艷了一襲新衣
急急詢問

昨夜雷霆的雨
一字橫飛的大雁
齊飛著
扎進圓錐裡
遺留成
天衣無縫的一痕
撈回了
千年遺失的曲線

第3章

圓錐曲線

這一章我們要來探討更豐富的**圓錐曲線**，這是古希臘繼歐氏幾何之後的偉大數學成就。上一章我們已談過**圓柱曲線**，我們仍然要問：

還有什麼新的曲線可以研究?

答案就是圓錐曲線，比圓柱曲線多了拋物線與雙曲線。

3.1 什麼是圓錐曲線

甲、圓錐名稱的起源

圓錐 (cone) 之名來自希臘文的 konos，意思是「松果錐」(pine cone)；典型的松果尾端具有圓錐的形狀。konos 也被認為跟 “hone” 有關（hone 是將物體磨尖的磨刀石）。削尖的鉛筆，筆尖附近就呈現圓錐狀。

圖 3–1

乙、阿波羅尼奧斯的生平與主要工作簡介

阿波羅尼奧斯 (Apollonius of Perga) 出生於小亞細亞的 Perga（在今日的土耳其境內），年輕時到埃及的亞歷山卓 (Alexandria) 求學，可能是跟隨歐幾里得的學生學習。後來就一直任教於亞歷山卓大學。他的生平少為人所知，因為史料缺乏，並且多半不詳，只能從他所著《**圓錐曲線論**》的序文與當時人的一些記載，才知道一鱗半爪。

圖 3–2：阿波羅尼奧斯

阿波羅尼奧斯是古希臘的天文學家與數學家，他寫了 8 冊含 487 個命題的《**圓錐曲線論**》(Conic Sections)。這是經典之作，繼**歐幾里得**《**原本**》之後，再度把希臘的幾何學推至最高峰，其後希臘人在幾何上並沒有實質的進展。

直到 17 世紀**笛卡兒**提出坐標方法才有重大的突破，以後朝著兩個方向發展：**解析幾何**（又叫坐標幾何，Analytic Geometry）與**射影幾何** (Projective Geometry)。然而這兩大領域的思想和基本原理，都可以在阿波羅尼奧斯的工作裡找到根源。

阿波羅尼奧斯的工作完全超越前人在這方面的工作，例如 Euclid（歐幾里得）、Aristaeus 與 Menaechmus。今日圓錐曲線定義為兩葉圓錐曲面與一個平面的交截，就是來自阿波羅尼奧斯的手筆；橢圓、拋物線與雙曲線也出自他的命名。在他之前，幾何學家利用三種不同的單葉圓錐，在頂點的交角分別為：小於、等於或大於一直角；然後利用一個平面，垂直於圓錐一個側邊線，去作交截，分別就得到橢圓、拋物線或一支的雙曲線。阿波羅尼奧斯體認到，**雙曲線必有兩支**，他的圓錐曲線自動就完整呈現出這兩支。阿波羅尼奧斯的工作表現著原創性、深度與完整性，是古代數學的巔峰造極之作，為他贏得了「**偉大的幾何學家**」(The Great Geometer) 的美名。阿波羅尼奧斯注重幾何性質的探討，影響後世解析幾何學的誕生；阿基米德注重數值計算，啟迪後世產生微積分。

阿波羅尼奧斯與歐幾里得、阿基米德被公認為古希臘亞歷山卓時代前期三個最偉大的數學家。當阿波羅尼奧斯被問到他的著作有何價值時，他回答說：

> 推理本身就值得接納，同理，在數學中我們接納許多其他的事物，也只是基於這個理由，而不需要其他的理由。

因為阿波羅尼奧斯的結果無法應用於當時的科學與工程問題，所以他進一步論述說，這個論題作為真理本身就值得學習 (the subject is one of those which seems worthy of study for their own sake)。

丙、圓錐曲面

由一直線與一個圓，就能動出圓柱曲面，那麼一直線與一個圓，還能動出什麼曲面呢？就是圓錐曲面。平面與圓柱面的截痕叫做**圓柱曲線**，共有 4 種：

一直線、兩平行直線、圓與橢圓。

同理，我們有如下的概念。

定義 3–1

圓錐曲面與平面的截痕叫做**圓錐曲線** (conic section)。按截點與角度的不同可以得到 7 種圓錐曲線，參見圖 3–3。

退化情形： 1. 一直線 2. 二相交直線 3. 一點

非退化情形： 4. 圓 5. 橢圓 6. 拋物線 7. 雙曲線

前四者都是熟知的，橢圓又是圓柱曲線新生的圖形，所以圓錐又新生出兩個圖形是拋物線與雙曲線，令人鼓舞完美的截痕，原來雙曲線有**二支**。而一點、一直線、二相交直線叫做**退化**的圓錐曲線，其餘的為**非退化**的圓錐曲線，是我們這裡要探討的對象。同時在圓柱曲線與圓錐曲線意味之下的橢圓具有相同的刻畫，是相同的曲線，沒有區別，這裡我們也會澄清。

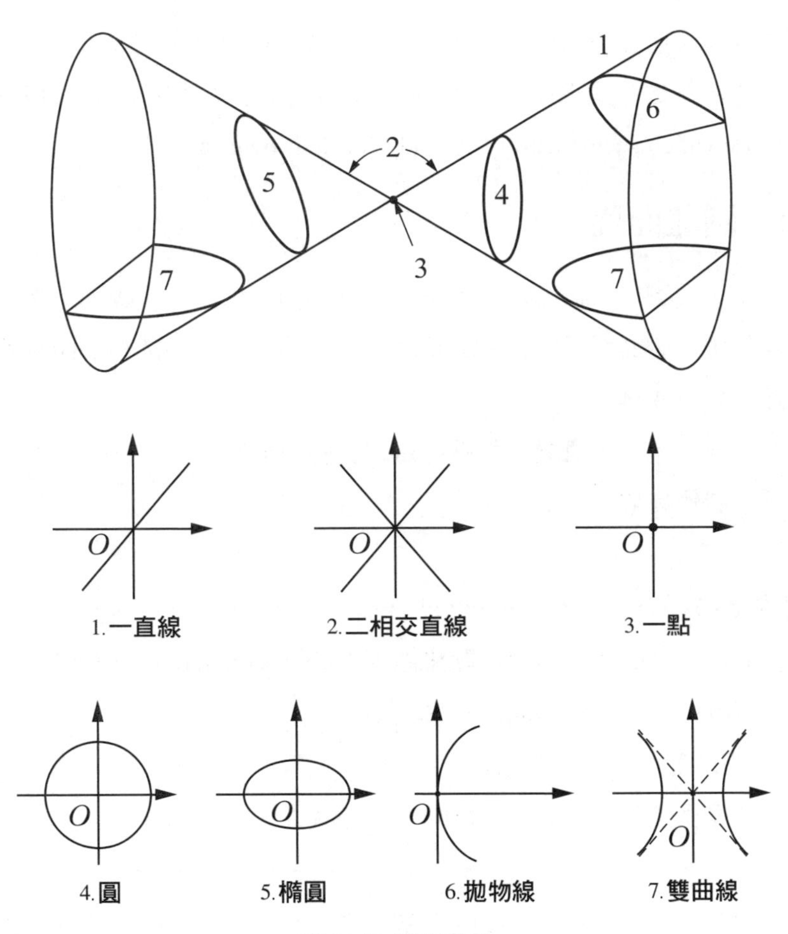

圖 3–3：圓錐曲線

3.2 截痕觀點

甲、橢圓

由於圓柱可看成頂點在「**無限遠**」的圓錐，所以透過圓的刻畫來推導出橢圓的性質時，會發現所有幾何特性的證明均能直接推導成立。

如**定理 2.3：**

假設 P 為橢圓上任意一點，且 $\overline{PN} \perp \overline{AB}$，則有

$$\overline{PN}^2 = k\overline{AN} \cdot \overline{NB}。 \qquad (1)$$

其中 $0 < k < 1$，參見圖 3–4，證明皆完全相同。

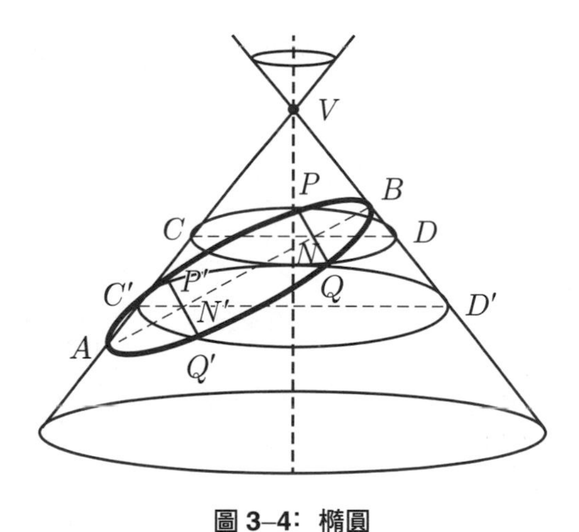

圖 3–4：橢圓

從幾何觀點來看，我們得到圓與橢圓的刻畫條件分別為

$$\overline{PN}^2 = \overline{AN} \cdot \overline{NB} \quad 與 \quad \overline{PN}^2 = k\overline{AN} \cdot \overline{NB}$$

上面兩式最大差別就是 k 值，也就是說，當 $k=1$ 的情形就是一圓。而由於圓壓扁就成橢圓，所以當 $0<k<1$ 時，則很容易觀察出是一橢圓，參見圖 3–5。

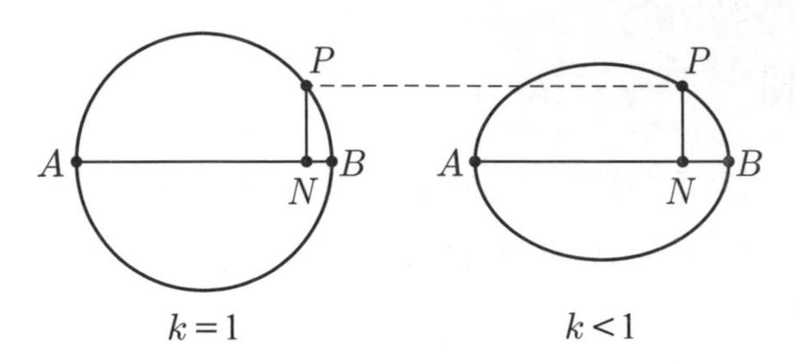

圖 3–5：圓→橢圓

乙、拋物線與雙曲線

也透過圓的刻畫來新生兩個圖形——**拋物線**與**雙曲線**，參見圖 3–6～3–7。

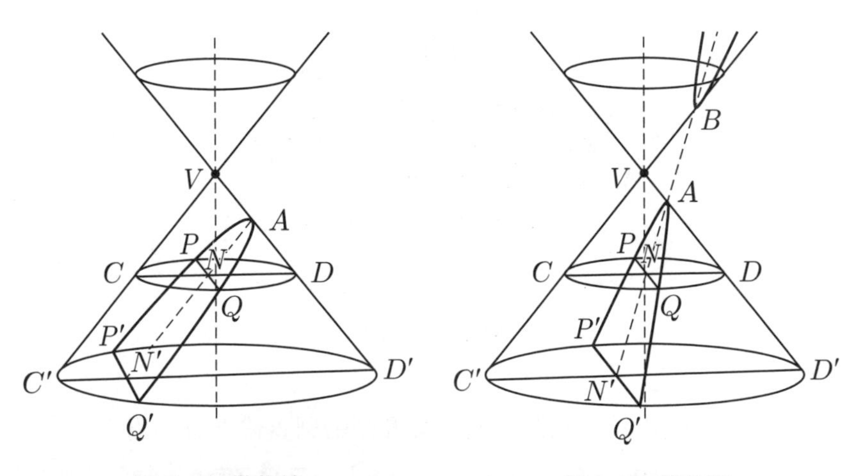

圖 3–6：拋物線　　**圖 3–7：雙曲線**

令平面 CPD 與 $C'P'D'$ 平行於底面並且跟平面 APQ 相交如圖 3–6～3–7 所示，則 $\overline{PQ}$ 與 $\overline{P'Q'}$ 均垂直 $\overline{AN'}$，並且 $\overline{PQ}\perp\overline{CD}$、$\overline{P'Q'}\perp\overline{C'D'}$。

考慮圖 3–6 中的拋物線，根據圓的刻畫條件

$$\overline{PN}^2=\overline{CN}\cdot\overline{ND},\ \overline{P'N'}^2=\overline{C'N'}\cdot\overline{N'D'}$$

整理得到

$$\overline{ND}=\frac{\overline{PN}^2}{\overline{CN}},\ \overline{N'D'}=\frac{\overline{P'N'}^2}{\overline{C'N'}} \tag{2}$$

又圓的對稱性有 $\overline{PN}=\overline{NQ},\ \overline{P'N'}=\overline{N'Q'}$，並且 $CNN'C'$ 為平行四邊形，得到 $\overline{CN}=\overline{C'N'}$，加上因為 $\triangle AND\sim\triangle AN'D'$，所以

$$\frac{\overline{AN}}{\overline{AN'}}=\frac{\overline{ND}}{\overline{N'D'}}$$

再將(2)式代入上式得到

$$\frac{\overline{AN}}{\overline{AN'}}=\frac{\overline{ND}}{\overline{N'D'}}=\frac{\overline{PN}^2/\overline{CN}}{\overline{P'N'}^2/\overline{C'N'}}=\frac{\overline{PN}^2}{\overline{P'N'}^2}$$

所以我們就有

定理 3.1

（拋物線的刻畫條件）

在圖 3–6 中，假設 P 為拋物線上任意一點，且 $\overline{PN}\perp\overline{AN}$，則有

$$\overline{PN}^2=k\cdot\overline{AN}。 \tag{3}$$

根據(3)式，我們來推導拋物線的方程式：將拋物線安置在直角坐標系的標準位置上。設 $P(x,\ y)$ 為拋物線上任一點，並且 $A(0,\ 0)$，$\overline{PN}\perp x$ 軸，則

$$y^2=kx \quad 或 \quad y^2=k(-x)$$

令 $\pm k=4c$，則得到拋物線的標準方程式為

$$y^2=4cx$$

因為比例常數 k 是任意實數，所以當 $c>0$ 時，拋物線的開口朝右，反之，拋物線開口朝左，參見圖 3–8。

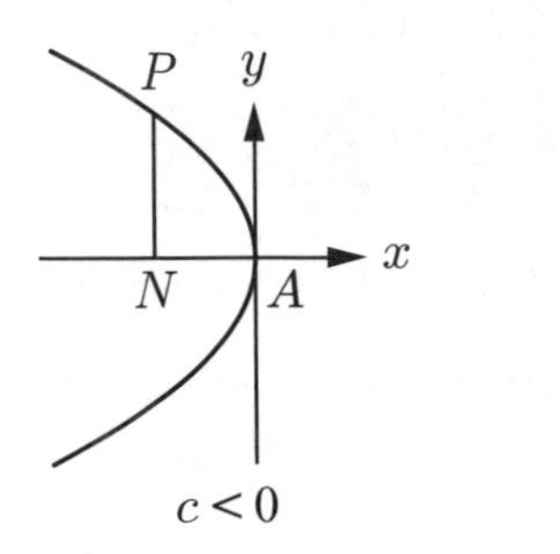

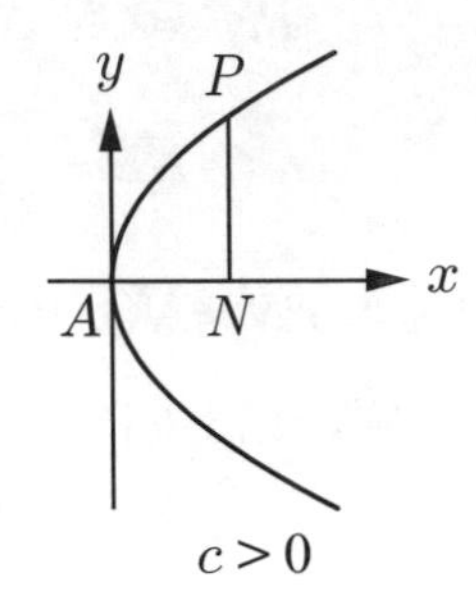

圖 3–8

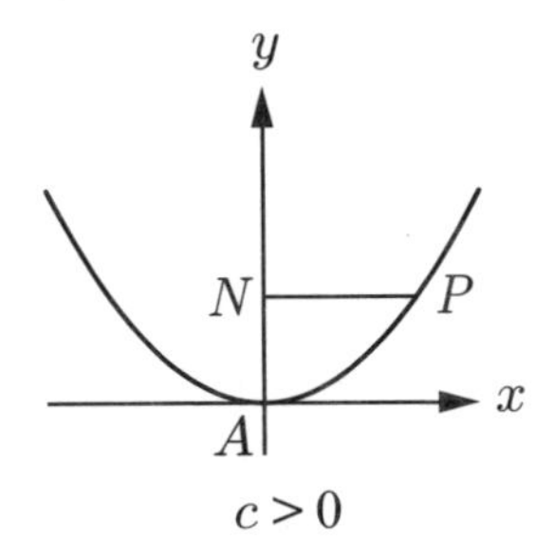

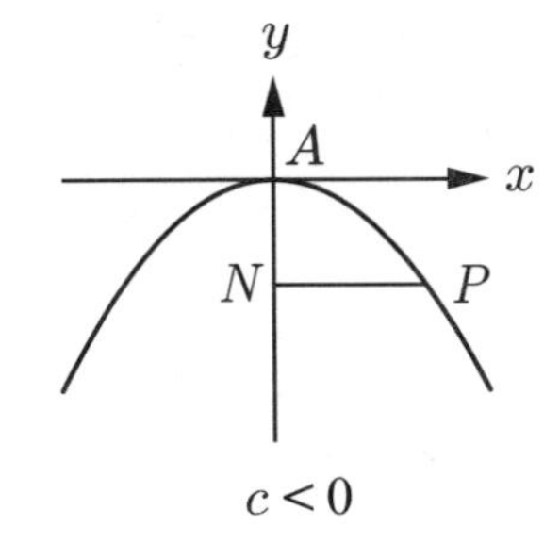

圖 3–9

同理，若考慮 $\overline{PN}\perp y$ 軸，則用同樣的方式，我們得到拋物線的標準式為

$$x^2=4cy$$

但當 $c>0$ 時，拋物線開口朝上，反之，拋物線開口朝下，參見圖 3–9。■

其次，考慮雙曲線的情形，參見圖 3–7，令 B 為平面 APQ 與直線 VC' 的交點。

因為 $\triangle AND \sim \triangle AN'D'$ 且 $\triangle BNC \sim \triangle BN'C'$，所以

$$\frac{\overline{AN}}{\overline{AN'}} = \frac{\overline{ND}}{\overline{N'D'}} \quad 且 \quad \frac{\overline{NB}}{\overline{N'B}} = \frac{\overline{CN}}{\overline{C'N'}}$$

兩式相乘得到

$$\frac{\overline{AN}}{\overline{AN'}} \cdot \frac{\overline{NB}}{\overline{N'B}} = \frac{\overline{ND}}{\overline{N'D'}} \cdot \frac{\overline{CN}}{\overline{C'N'}}$$

再將(2)式代入上式得到

$$\frac{\overline{AN}}{\overline{AN'}} \cdot \frac{\overline{NB}}{\overline{N'B}} = \frac{\overline{ND}}{\overline{N'D'}} \cdot \frac{\overline{CN}}{\overline{C'N'}} = \frac{\overline{PN}^2 / \overline{CN}}{\overline{PN'}^2 / \overline{C'N'}} \cdot \frac{\overline{CN}}{\overline{C'N'}} = \frac{\overline{PN}^2}{\overline{P'N'}^2}。$$

所以我們就有

定理 3.2

（雙曲線的刻畫條件）

在圖 3–7 中，假設 P 為雙曲線上任意一點，且 $\overline{PN} \perp \overline{AN}$，則有

$$\overline{PN}^2 = k\overline{AN} \cdot \overline{NB}。 \tag{4}$$

根據(4)式，我們來推導雙曲線的方程式：將雙曲線安置在直角坐標系的標準位置上。設 $P(x, y)$ 為雙曲線上任一點，並且 $A(-a, 0)$, $B(a, 0)$, $a > 0$，則

$$y^2 = k(-a-x)(a-x) \quad 或 \quad \frac{x^2}{a^2} - \frac{y^2}{ka^2} = 1$$

令 $b^2 = ka^2$　或　$k = \dfrac{b^2}{a^2}$，則得到雙曲線的標準式為

$$\frac{x^2}{a^2} - \frac{y^2}{b^2} = 1。$$

它沒有如橢圓有長短軸的情形，所以比例常數 k 為**任意正實數**，參見圖 3–10。

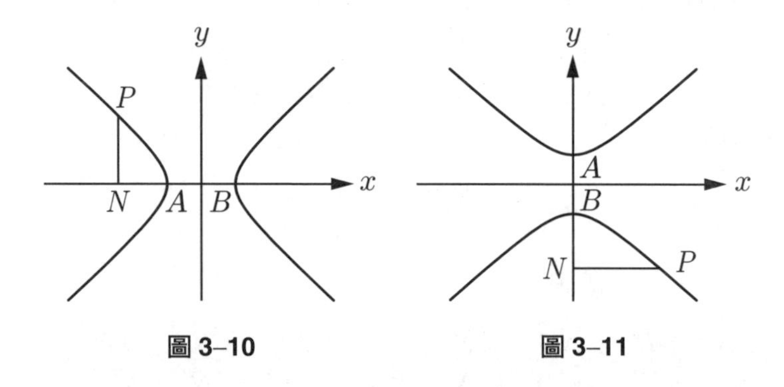

圖 3–10　　圖 3–11

同理，若將 A, B 的坐標改為在 y 軸上的兩點 $A(0, -a)$, $B(0, a)$, $a>0$，參見圖 3–11，則用同樣的方式，可得到雙曲線的標準方程式為

$$\frac{y^2}{a^2}-\frac{x^2}{b^2}=1。$$

圓、橢圓、拋物線、雙曲線皆由平面截圓錐所形成，表面上是截然不同。但令人驚奇的是，皆可用圓刻畫來推導出橢圓、拋物線、雙曲線的標準方程式。不論如何，實際上它們皆可看成是圓的三種不同的「化身」，可看成同屬一個家族，實在太美妙了！

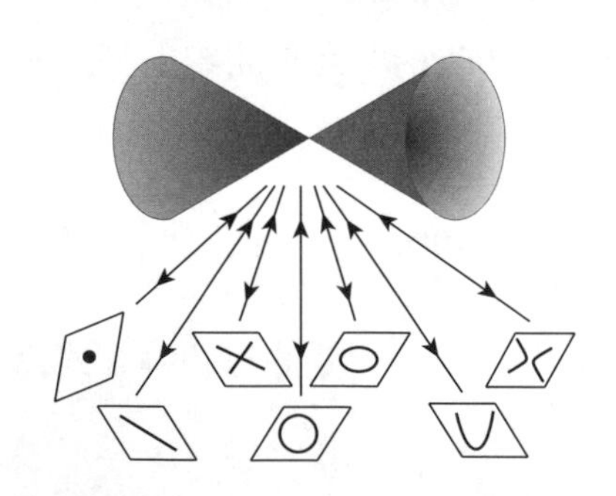

3.3　焦點觀點

甲、橢圓

在圓柱中放入兩個相同的 Dandelin 球在圓錐內，得到橢圓刻畫條件為「$\overline{PF_1}+\overline{PF_2}=$ **定數**」，現在放入不同大小的 Dandelin 球，那麼刻畫條件仍相同嗎?

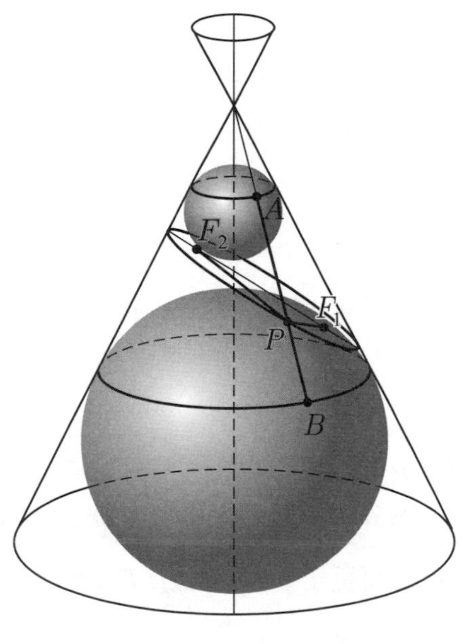

圖 3–12

定理 3.3

（橢圓的刻畫條件）

在圖 3–12 中，在圓錐的橢圓面的上下各放置一個大小不相同的 Dandelin 球（其半徑為 $r_1, r_2, r_1 < r_2$），切於圓錐面且切橢圓面於 F_1 與 F_2 兩點，叫做**焦點**。設 P 為橢圓上任一點，則

$$\overline{PF_1} + \overline{PF_2} = \text{定數。} \tag{5}$$

證明 因為由球外一點對球所作的切線段皆相等，所以我們有 $\overline{PF_1} = \overline{PA}$，且 $\overline{PF_2} = \overline{PB}$，於是 $\overline{PF_1} + \overline{PF_2} = \overline{PA} + \overline{PB} = \overline{AB}$。因為 $\overline{AB}$ 為兩球的外公切線長，與 P 點無關，因此

$$\overline{PF_1} + \overline{PF_2} = \text{定數。}$$

■

乙、雙曲線

如同橢圓透過 Dandelin 球來刻畫雙曲線的焦點性質。

定理 3.4

（雙曲線的刻畫條件）

在圖 3–13 中，在圓錐的雙曲線面的上下各放置一個大小相同的 Dandelin 球，切於圓錐面且切雙曲線面於 F_1 與 F_2 兩點，叫做**焦點**。設 P 為雙曲線上任一點，則

$$\left|\overline{PF_1} - \overline{PF_2}\right| = \text{定數。}$$

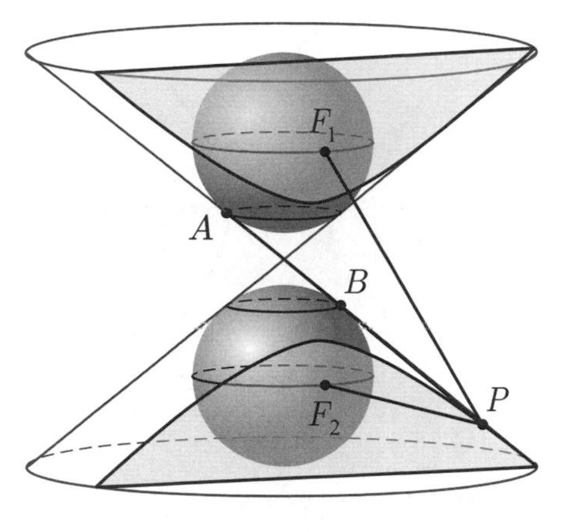

圖 3–13

證　明　因為由球外一點對球所作的切線段皆相等，所以我們有 $\overline{PF_1}=\overline{PA}$ 並且 $\overline{PF_2}=\overline{PB}$，於是 $\left|\overline{PF_1}-\overline{PF_2}\right|=\left|\overline{PA}-\overline{PB}\right|=\overline{AB}$。因為 $\overline{AB}$ 為兩球的內公切線長，與 P 點無關，因此

$$\left|\overline{PF_1}-\overline{PF_2}\right|=\text{定數}。$$

■

定理 3.5

（雙曲線的方程式，標準型）

假設雙曲線的兩個焦點為 $F_1(c, 0)$, $F_2(-c, 0)$, $c>0$ 且 $P(x, y)$ 為平面上一點。如果 $\left|\overline{PF_1}-\overline{PF_2}\right|=\text{定數}=2a$，則雙曲線的方程式為

$$\frac{x^2}{a^2}-\frac{y^2}{b^2}=1$$

其中 $c^2=a^2+b^2$。如圖 3–14。反之亦然。

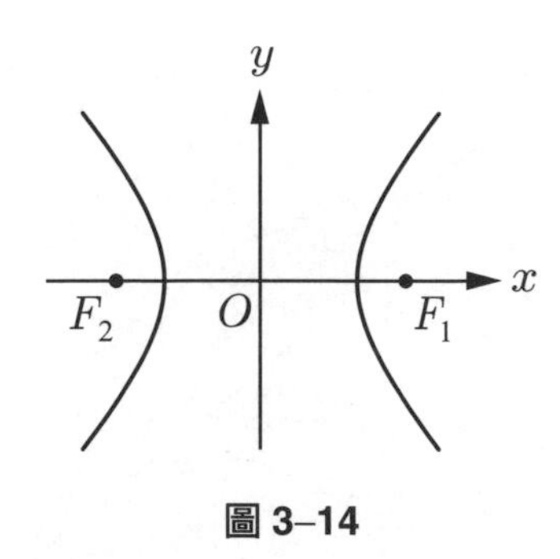

圖 3–14

證 明 由假設知，P 點的坐標為 (x, y) 滿足

$$\left|\sqrt{(x-c)^2+y^2}-\sqrt{(x+c)^2+y^2}\right|=2a$$

或 $$\sqrt{(x-c)^2+y^2}=\sqrt{(x+c)^2+y^2}\pm 2a$$

平方再化簡

$$\pm a\sqrt{(x+c)^2+y^2}=cx+a^2$$

再平方又化簡

$$(c^2-a^2)x^2-a^2y^2=a^2(c^2-a^2) \quad \text{或} \quad \frac{x^2}{a^2}-\frac{y^2}{c^2-a^2}=1$$

因為 $c>a$，故可令 $c^2-a^2=b^2$，可得到雙曲線的標準方程式

$$\frac{x^2}{a^2}-\frac{y^2}{b^2}=1。$$

反過來，上述步驟都可以逆推回去。 ■

注意，取定數為 $2a$ 是要讓雙曲線定調為貫軸是 $2a$，如圖 3–15；又根據畢氏定理，取 b 滿足 $b^2=c^2-a^2$ 或 $c^2=a^2+b^2$ 是要讓雙曲線的共軛軸為 $2b$，如圖 3–16。

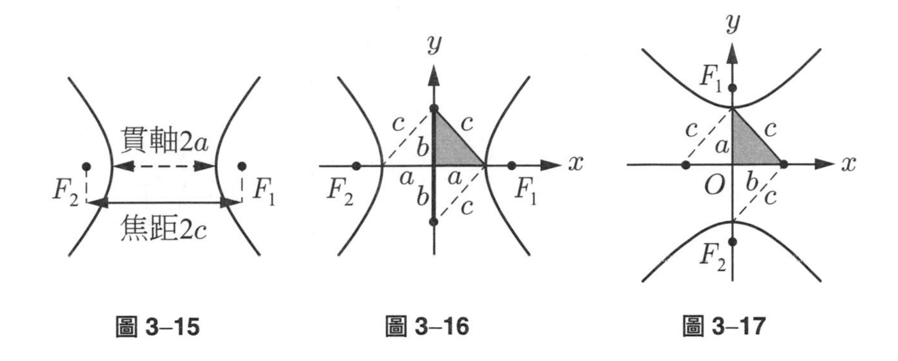

圖 3–15　　圖 3–16　　圖 3–17

【推　論】 若雙曲線的兩個焦點為 $F_1(0, c)$, $F_2(0, -c)$,且 $\left|\overline{PF_1}-\overline{PF_2}\right|$ = 定數 = $2a$，則雙曲線的方程式為 $\dfrac{y^2}{a^2}-\dfrac{x^2}{b^2}=1$, $a>b$，參見圖 3–17。

雙曲線與橢圓的圖形畫法有何相聯性呢? 這裡提出一種畫法。

定理 3.6

（橢圓與雙曲線的作圖）

給定一個圓，在平面上取兩點 F_1, F_2，作以 F_2 為圓心且任意長為半徑的圓，若 Q 點為圓上任一點，且 P 點為線段 F_1Q 的中垂線與直線 F_2Q 的交點，則

(i) 當 F_1 點在圓內，則 P 點的軌跡為一橢圓，參見圖 3–18。

(ii) 當 F_1 點在圓外，則 P 點的軌跡為一雙曲線，參見圖 3–19。

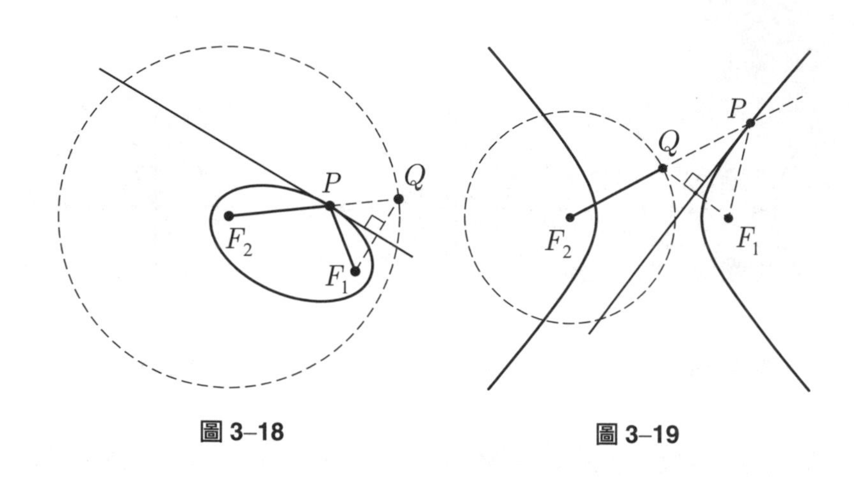

圖 3–18 **圖 3–19**

證 明 (i) 由於 $\overline{PF_1}+\overline{PF_2}=\overline{PQ}+\overline{PF_2}=\overline{F_2Q}=$ 圓半徑 = 定值，因此，P 點形成以 F_1, F_2 為焦點的一橢圓。

(ii) 由於 $\left|\overline{PF_1}-\overline{PF_2}\right|=\left|\overline{PQ}-\overline{PF_2}\right|=\overline{F_2Q}=$ 圓半徑 = 定值，因此，P 點形成以 F_1, F_2 為焦點的一雙曲線。 ■

值得注意，雙曲線有兩條**漸近線** (asymptote)，這名稱是阿波羅尼奧斯的獨創，原意為「**不可能相交的**」，參見圖 3–20。

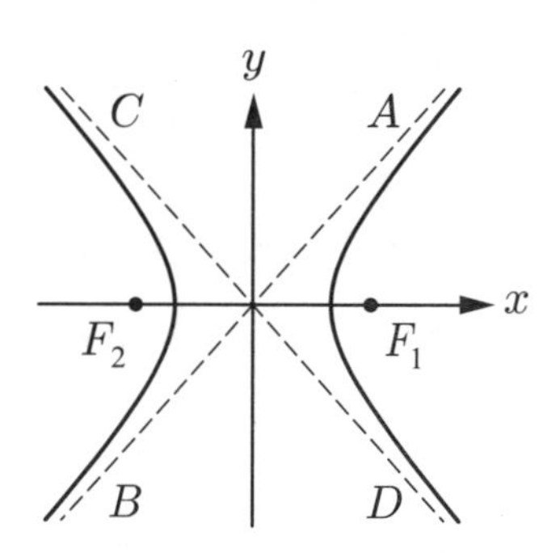

圖 3–20：直線 AB 及 CD 往兩邊任意延長，就與雙曲線越來越接近。

在圖 3–21 中 P 點為 $\overline{F_1Q}$ 的中垂線與雙曲線的交點，當 Q 點在圓上移動使得 $\overline{QF_1} \perp \overline{QF_2}$ 時，則 P 點會在無窮遠處，並且 $\overline{F_1Q}$ 的中垂線即為圖 3–21 中的直線 L_1，$L_1 /\!/ \overline{QF_2}$ 以及通過雙曲線的中心 O。同樣地，可找到直線 L_2，$L_2 /\!/ \overline{QF_1}$ 以及通過雙曲線的中心 O，直線 L_1, L_2 我們叫做雙曲線的**漸近線**。

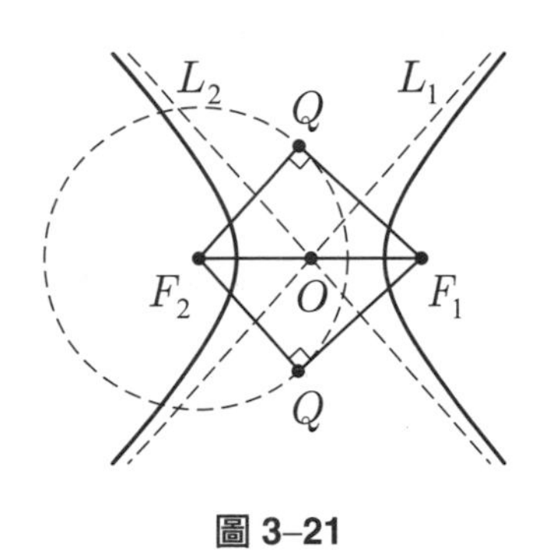

圖 3–21

由於拋物線沒有漸近線，所以很顯然「**雙曲線不是兩個拋物線所組成**」。

例 1

證明 $y=\pm\frac{b}{a}x$ 為雙曲線 $\frac{x^2}{a^2}-\frac{y^2}{b^2}=1$ 的漸近線。

證明 $\frac{x^2}{a^2}-\frac{y^2}{b^2}=1$ 可化簡為 $y=\pm\frac{b}{a}\sqrt{x^2-a^2}$。

設 $P(x_1, y_1)$ 為雙曲線的一支 $y=\frac{b}{a}\sqrt{x^2-a^2}$ 上一點，並且過 P 點與垂直 x 軸直線交較靠近的漸近線 $y=\frac{b}{a}x$ 於

$Q(x_1, y_2)$，則有

$$y_1 = \frac{b}{a}\sqrt{x_1^2 - a^2},\ y_2 = \frac{b}{a}x_1$$

並且

$$\begin{aligned} y_2 - y_1 &= \frac{b}{a}x_1 - \frac{b}{a}\sqrt{x_1^2 - a^2} = \frac{b}{a}(x_1 - \sqrt{x_1^2 - a^2}) \\ &= \frac{ab}{x_1 + \sqrt{x_1^2 - a^2}} \end{aligned}$$

當 $x_1 \to \infty$ 時，$\lim\limits_{x_1 \to \infty}(y_2 - y_1) = \lim\limits_{x_1 \to \infty} \dfrac{ab}{x_1 + \sqrt{x_1^2 - a^2}} = 0$，所以 $y = \dfrac{b}{a}x$ 與 $y = \dfrac{b}{a}\sqrt{x^2 - a^2}$ 的圖形很接近但不相交。同理，其他情形亦成立。因此，$y = \pm\dfrac{b}{a}x$ 為其雙曲線的漸近線。 ■

3.4 焦準觀點

Dandelin 球與平面的切點（即是焦點）有二個，可刻畫橢圓與雙曲線，但拋物線沒有兩個焦點，因此，必須引出準線。Dandelin 球竟然除了能確定準線的位置外，更是找到圓、橢圓、拋物線與雙曲線的共同性質，除了驚奇，更是令人拍案叫絕。

甲、拋物線的焦準式

假設平面 $VC'D'$ 垂直底面，並且平面 ANP 垂直平面 $VC'D'$ 相交直線 AN，參見圖 3–22，放入一個球切於圓錐面並且切於平面 ANP，

則曲線 AP 是平面 ANP 與圓錐的截痕，因為 $\overline{PF}$, $\overline{PQ}$, $\overline{DD'}$, $\overline{AD}$, $\overline{AF}$ 皆為切線，由球外一點對球所作的切線段皆相等，所以

$$\overline{PF}=\overline{PQ}=\overline{DD'},\ \overline{AD}=\overline{AF} \tag{6}$$

加上因為 $\triangle D'NA\sim\triangle DSA$，所以

$$\frac{\overline{AN}}{\overline{AS}}=\frac{\overline{AD'}}{\overline{AD}} \quad \text{或者} \quad \frac{\overline{AN}+\overline{AS}}{\overline{AS}}=\frac{\overline{AD'}+\overline{AD}}{\overline{AD}}$$

即是

$$\frac{\overline{NS}}{\overline{AS}}=\frac{\overline{DD'}}{\overline{AD}} \quad \text{或者} \quad \frac{\overline{DD'}}{\overline{NS}}=\frac{\overline{AD}}{\overline{AS}}$$

再將(6)式與 $\overline{PR}=\overline{NS}$ 代入上式得到

$$\frac{\overline{PF}}{\overline{PR}}=\frac{\overline{AF}}{\overline{AS}}=\text{定數。} \tag{7}$$

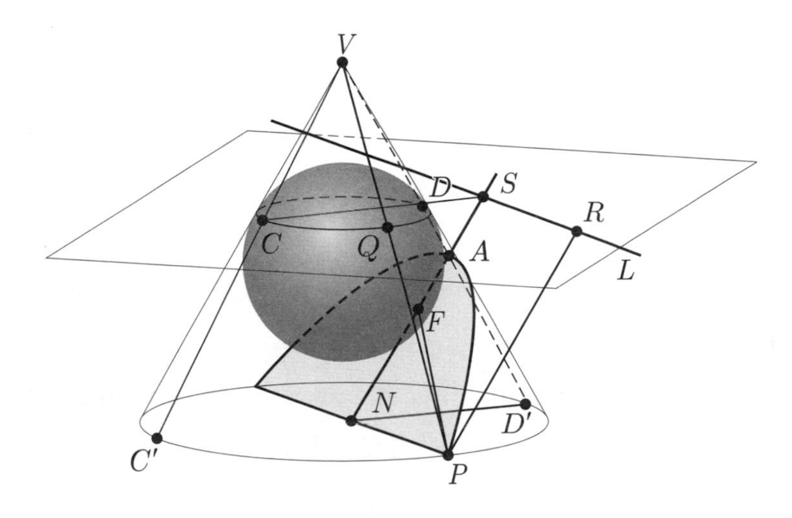

圖 3–22

定理 3.7

（拋物線的刻畫條件）

在圖 3–22 中，圓錐的拋物線面上放置一個 Dandelin 球，切於圓錐面且切拋物線面於 F 點，叫做**焦點**，而平面 CDQ 與平面 ANP 相交一直線 L，叫做**準線**。設 P 為拋物線上任一點，則

$$\overline{PF}=d(P, L)。$$

證　明　因為直線 VC' 平行平面 ANP，所以

$$\angle ASD=\angle VCD=\angle VDC=\angle ADS$$

得到 $\triangle ADS$ 為等腰三角形並且

$$\overline{AF}=\overline{AD}=\overline{AS}。\tag{8}$$

再將(8)式代入(7)式得到 $\dfrac{\overline{PF}}{\overline{PR}}=1$

因此，$\overline{PF}=d(P, L)$，這式子我們叫做**拋物線的焦準定式**。

■

定理 3.8

（拋物線的方程式，標準型）

假設拋物線的焦點為 $F(c, 0)$，準線為 $L: x=-c$，且 $P(x, y)$ 為平面上一點。如果 $\overline{PF}=d(P, L)$，則拋物線的方程式為

$$y^2=4cx$$

其中當 $c>0$ 時，開口向右，當 $c<0$ 時，開口向左。如圖 3–23。反之亦然。

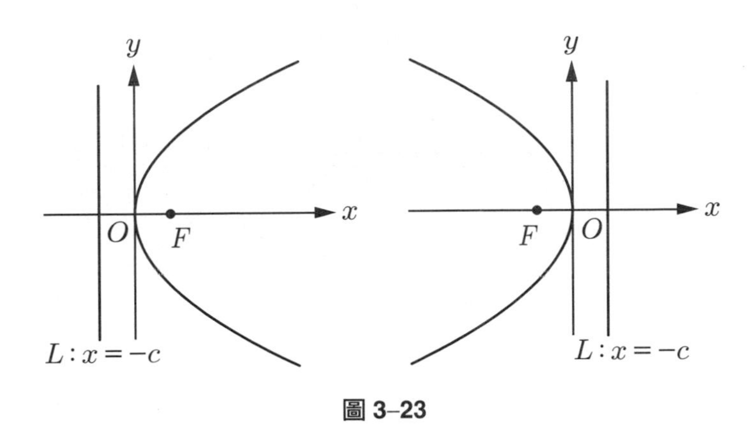

圖 3–23

證明 由假設知，P 點的坐標為 (x, y) 滿足

$$\sqrt{(x-c)^2+y^2}=|x+c|$$

平方再化簡，於是得到拋物線的標準方程式

$$y^2=4cx。$$

反過來，上述步驟都可以逆推回去。■

例 2

試求過焦點 $F(1, -1)$，準線為 $L: x+y-2=0$ 的拋物線方程式。

解 設 $P(x, y)$ 為拋物線上任一點，則由 $\overline{PF}=d(P, L)$ 得到

$$\sqrt{(x-1)^2+(y+1)^2}=\frac{|x+y-2|}{\sqrt{2}}$$

兩邊平方整理得到

$$x^2-2xy+y^2+8y=0。$$

參見圖 3–24。□

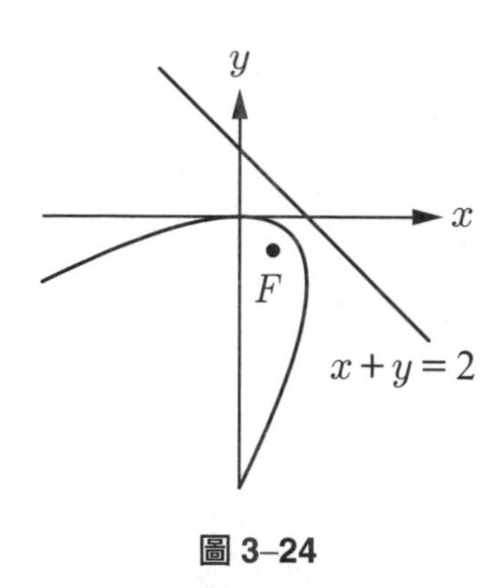

圖 3–24

乙、橢圓與雙曲線焦準式

抛物線需要**準線**來定義，那麼我們要問：

只有拋物線才有準線嗎？那麼 $\overline{PF} \neq d(P, L)$，能動出什麼曲線呢？

請看下面二個例子。

例 3

設準線 $L: x = 0$，焦點 $F(c, 0)$，$c > 0$，且 $P(x, y)$ 為平面上一點。若 $\overline{PF} = \frac{1}{2} d(P, L)$，則 P 點能動出什麼圖形呢？

解 由假設知，P 點的坐標為 (x, y) 滿足

$$\sqrt{(x-c)^2 + y^2} = \frac{1}{2}|x| \tag{9}$$

平方後化簡成標準式

$$\frac{9(x-\frac{4}{3}c)^2}{4c^2}+\frac{3y^2}{c^2}=1$$

很顯然動出一橢圓。 □

例 4

將 $\overline{PF}=\frac{1}{2}d(P,L)$ 改為 $\overline{PF}=2d(P,L)$ 時，則 P 點能動出什麼圖形呢？

解　即將(9)式改為

$$\sqrt{(x-c)^2+y^2}=2|x|$$

平方再化簡成標準式

$$\frac{9(x+\frac{1}{3}c)^2}{4c^2}-\frac{3y^2}{4c^2}=1$$

很顯然動出一雙曲線。 □

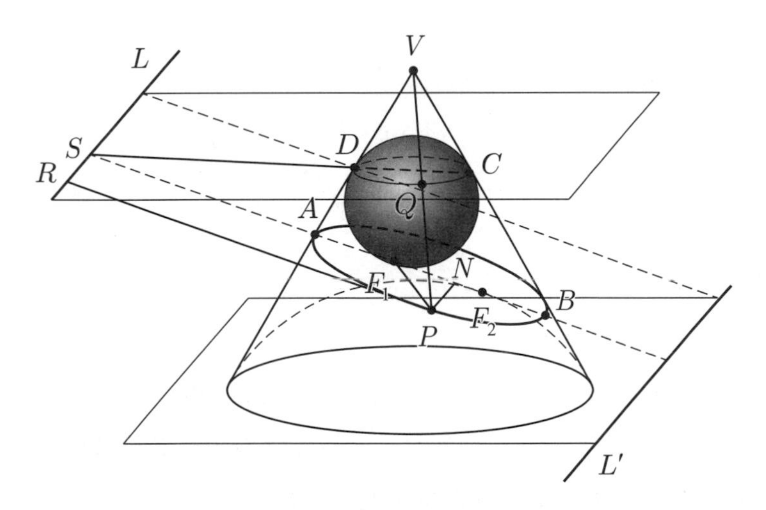

圖 3–25

於是我們就有

定理 3.9

（橢圓的刻畫條件）

在圖 3–25 中，圓錐的橢圓面上放置一個 Dandelin 球，切於圓錐面且切橢圓面於 F_1 點，叫做**焦點**，而平面 CDQ 與平面 ANP 相交一直線 L，叫做**準線**。設 P 為橢圓上任一點，則

$$\frac{\overline{PF_1}}{d(P, L)} < 1。$$

同樣地，考慮另一焦點 F_2 且一條準線 L'，則有 $\dfrac{\overline{PF_2}}{d(P, L')} < 1$。

證明 因為平面 ANP 與橢圓面切於 A 與 B，根據橢圓的定義，我們就得到 $\angle ADS > \angle CSA$，則有

$$\overline{AS} > \overline{AD} = \overline{AF_1}$$

再將上式代入(7)式得到

$$\frac{\overline{PF_1}}{d(P, L)} = \frac{\overline{PF_1}}{\overline{PR}} = \frac{\overline{AF_1}}{\overline{AS}} < \frac{\overline{AF_1}}{\overline{AF_1}} = 1。$$ ■

定理 3.10

（雙曲線的刻畫條件）

在圖 3–26 中，圓錐的雙曲線面上放置一個 Dandelin 球，切於圓錐面且切雙曲線面於 F_1 點，叫做**焦點**，而平面 CDQ 與平面 ANP 相交一直線 L，叫做**準線**。設 P 為雙曲線上任一點，則

$$\frac{\overline{PF_1}}{d(P,\ L)} > 1。$$

同樣地，考慮另一焦點 F_2 且一條準線 L'，則有 $\dfrac{\overline{PF_2}}{d(P,\ L')} > 1$。

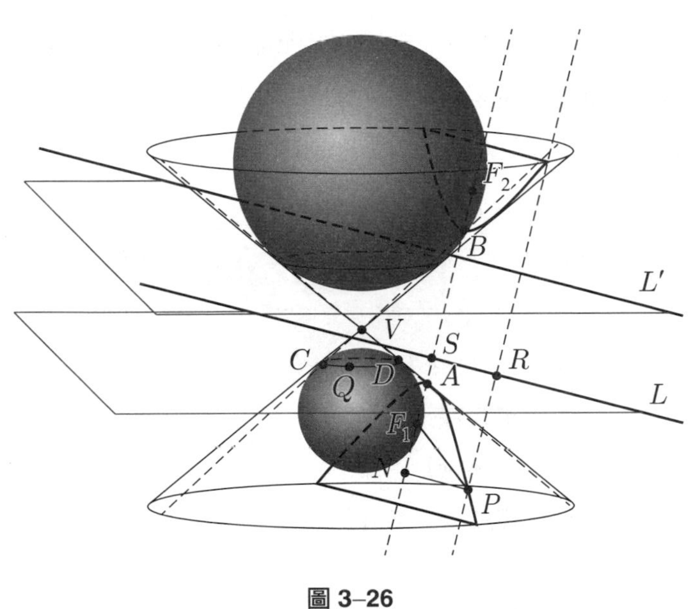

圖 3–26

證明　雙曲線相交情形如圖 3–26，根據雙曲線的定義，所以 $\angle ADS < \angle CSA$，則有

$$\overline{AS} < \overline{AD} = \overline{AF_1}$$

再將上式代入(7)式得到

$$\frac{\overline{PF_1}}{d(P,\ L)} = \frac{\overline{PF_1}}{\overline{PR}} = \frac{\overline{AF_1}}{\overline{AS}} > \frac{\overline{AF_1}}{\overline{AF_1}} = 1。$$

■

美妙地，$\dfrac{\overline{PF}}{d(P, L)}=$ **常數**皆可用來刻畫拋物線、橢圓與雙曲線，這常數就是**離心率**。

定義 3–2

在平面上到一個定點 F 和定直線 L 的距離之比等於常數 ε 的所有點集合叫做**非退化圓錐曲線**，其中定點 F 叫做**焦點** (focus)、定直線 L 叫做**準線** (directrix) 以及常數 ε 叫做**離心率** (eccentricity)，即是

$$\overline{PF}=\varepsilon d(P, L) \tag{10}$$

這式子叫做**焦準定式**。

注意，當點 F 不在直線 L 上，則有

(i) 當 $\varepsilon=1$ 時，是**一拋物線**。

(ii) 當 $0<\varepsilon<1$ 時，是**一橢圓**。

(iii) 當 $\varepsilon>1$ 時，是**一雙曲線**。參見圖 3–27。

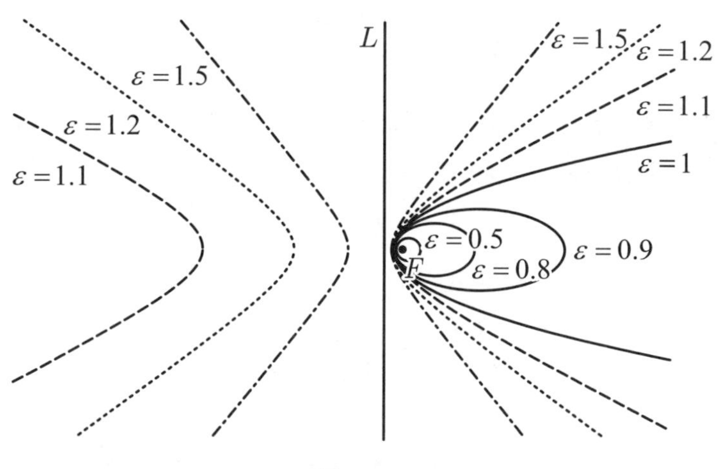

圖 3–27

當離心率 ε 不同時，就產生不同的**焦準定式**，包含所有圓錐截痕，真是美極了，圓錐截痕找到完美的化身式子。注意，但沒有包含兩平行直線。

此外，對同一類圖形，離心率不同時，圖形的形狀以及方程式也會發生變化，參見圖 3–27，請看下面二個例子。

例 5

求滿足焦點 $F(1, 2)$，準線 $L: x+2y=9$ 以及離心率 $\varepsilon=\frac{\sqrt{5}}{3}$ 的橢圓方程式。

解　設 $P(x, y)$ 為橢圓上任一點，則由 $\overline{PF}=\varepsilon d(P, L)$ 得到

$$\sqrt{(x-1)^2+(y-2)^2}=\frac{\sqrt{5}}{3}\cdot\frac{|x+2y-9|}{\sqrt{5}}$$

兩邊平方整理得到

$$8x^2-4xy+5y^2-36=0$$

參見圖 3–28，另一焦點 $(-1, -2)$，準線為 $x+2y=-9$。　□

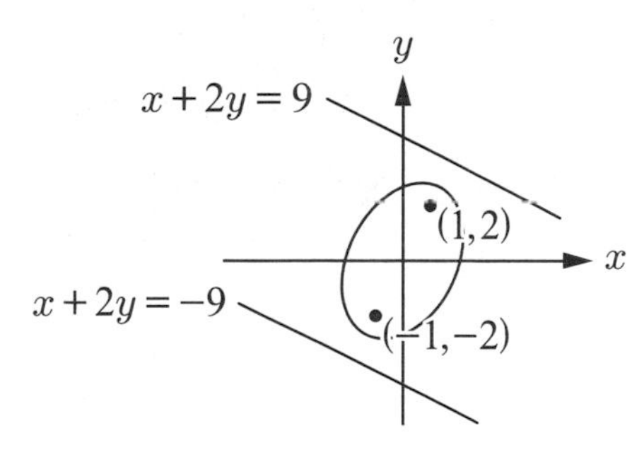

圖 3–28

例 6

試求滿足焦點 $F(2\sqrt{2}, 2\sqrt{2})$，準線 $L: x+y=2\sqrt{2}$ 以及離心率 $\varepsilon=\sqrt{2}$ 的雙曲線方程式。

解 設 $P(x, y)$ 為雙曲線上任一點，則由 $\overline{PF}=\varepsilon d(P, L)$ 得到

$$\sqrt{(x-2\sqrt{2})^2+(y-2\sqrt{2})^2}=\sqrt{2}\cdot\frac{|x+y-2\sqrt{2}|}{\sqrt{2}}$$

兩邊平方整理得到

$$xy=4$$

參見圖 3–29，另一焦點 $(-2\sqrt{2}, -2\sqrt{2})$，準線為 $x+y=-2\sqrt{2}$。

□

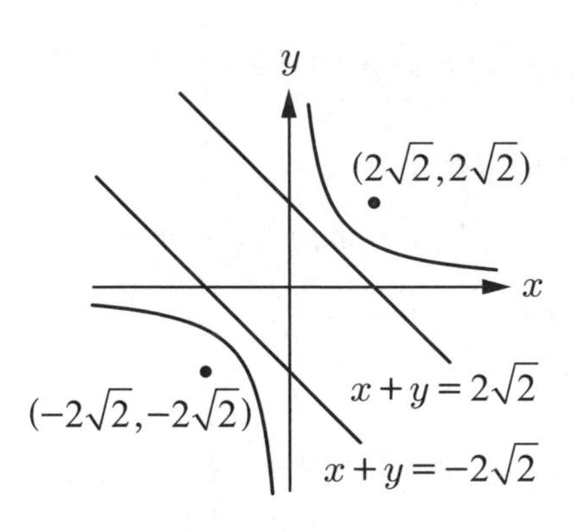

圖 3–29

【問題 1】 試求滿足焦點 $F(\frac{7}{2}, \frac{1}{2})$，準線為 $L: x-y=5$ 的拋物線方程式。

【問題 2】 試求滿足焦點

$F_1(2\sqrt{2}+2, 2\sqrt{2}-3)$ 以及 $F_2(-2\sqrt{2}+2, -2\sqrt{2}-3)$，

貫軸長為 $4\sqrt{2}$ 的雙曲線方程式。

你也發現拋物線、橢圓以及雙曲線都有準線，且前者一條，後兩者是二條，準線精確位置竟然是由兩個 Dandelin 球來判斷，數學家 Dandelin 的聯想力實在太豐富，真是神來一筆的創作啊!

丙、離心率變化的交響曲

那麼離心率 ε 等於什麼值呢? 其變化代表什麼呢? 至於拋物線的離心率為 1，不需要討論，那麼我們就從橢圓或雙曲線談起。

定理 3.11

設 P 為橢圓（或雙曲線）上任意一點，且 $\overline{PF}=\varepsilon d(P, L)$，若兩焦點距離為 $2c$，則 $\varepsilon=\frac{c}{a}$。

證明 若 P 為橢圓上的任意一點且二條準線為 L, L'，參見圖 3–30，則

$$\frac{\overline{PF_1}}{\overline{PM}}=\frac{\overline{PF_2}}{\overline{PN}}=\varepsilon$$

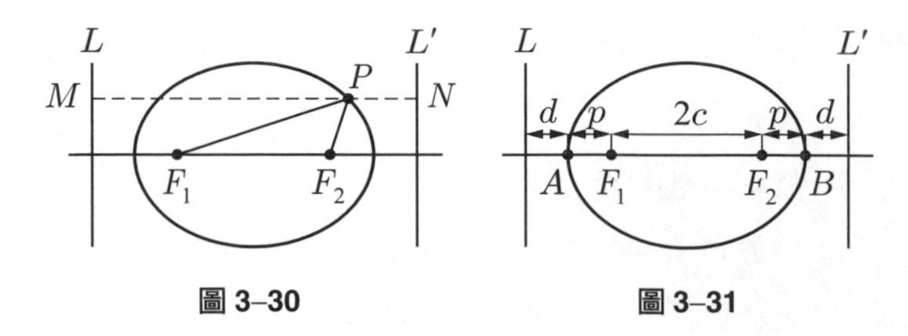

圖 3–30　　圖 3–31

所以

$$\overline{PF_1}+\overline{PF_2}=\varepsilon\overline{PM}+\varepsilon\overline{PN}=\varepsilon\overline{MN}=\text{定數}$$

的確是以 F_1 與 F_2 為焦點的一橢圓。

因為 A, B 為橢圓上的點，為了方便起見，用 $\frac{p}{d}$ 代表 $\frac{\overline{PF}}{d(P, L)}$，即離心率為 $\varepsilon=\frac{p}{d}$。

所以滿足

$$\frac{p}{d}=\frac{\overline{AF_1}}{d(A, L)}=\frac{\overline{BF_2}}{d(B, L')}$$

參見圖 3–31。又因為 $\frac{\overline{AF_1}}{d(A, L)}=\frac{\overline{AF_2}}{d(A, L')}$，所以

$$\frac{p}{d}=\frac{p+2c}{2a+d}$$

化簡整理得到

$$\frac{p}{d}=\frac{c}{a}=\varepsilon \qquad \text{（橢圓的離心率）}$$

因為 $a>c$，所以 $\varepsilon<1$ 時，是一橢圓。

同理，雙曲線部分仿照橢圓的證法，留做【問題 3】自行練習。■

【問題 3】 證明雙曲線的離心率也等於 $\varepsilon=\dfrac{c}{a}$，但 $\varepsilon>1$。

我們由**焦準定式**來觀察圖 3–32 中離心率 ε 的變化，得到一些美妙的結果：

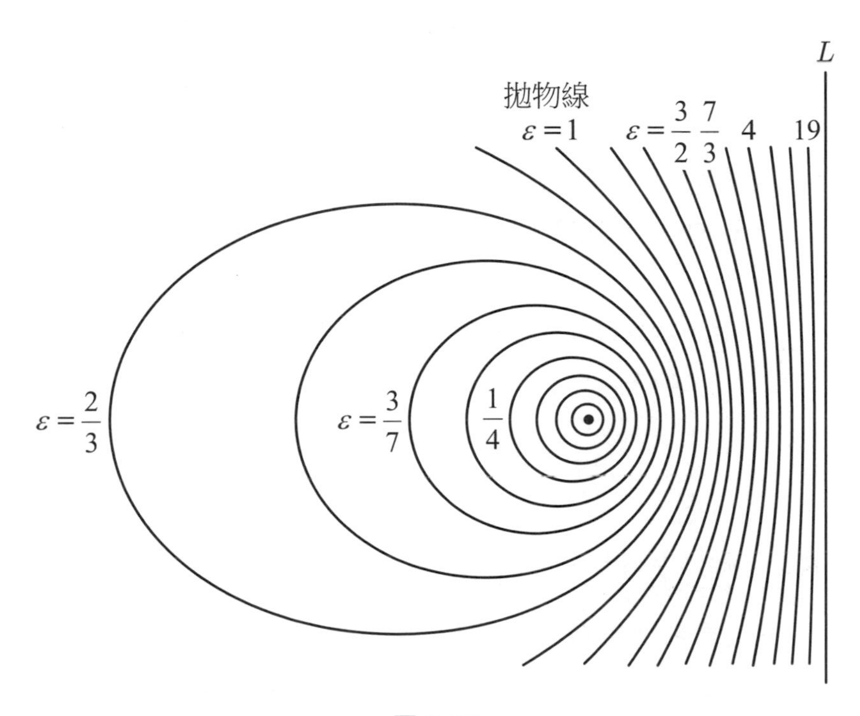

圖 3–32

(i) 當 ε 恆為 1 時，即是 $\overline{PF}=d(P, L)$，所代表圖形是一拋物線。

(ii) 當拋物線的 ε 慢慢遠離 1 但靠近 1^- 時，會得到「**很扁**」的橢圓。又 ε 越來越靠近 0^+ 時，即越來越小時，會得到「**很圓**」的橢圓，再更小時，橢圓漸變成圓，乃至離心率變成 0 時，橢圓就變成一點，這是**點圓** (point circle)。

(iii) 當拋物線的 ε 慢慢遠離 1 但靠近 1^+ 時，會得到「**很窄**」的雙曲線。又 ε 越來越大時，會得到「**最大寬度**」的雙曲線，乃至離心率趨近於無限大時，雙曲線就趨近於一直線。

焦準定式唯一的缺點在於當離心率 $\varepsilon=0$ 時，是無法畫出圓形。除非在 ε 趨近 0 並且準線在無窮遠處，橢圓才能趨近於圓形。

從此以後，圓錐曲線的形狀可以用離心率來判讀，使得阿波羅尼奧斯的圓錐截痕來得更可分辨，圓錐曲線探源真是有妙趣!

想起法國數學家**拉格朗日**（Lagrange，1736～1813 年）所說：

> 代數與幾何各自行動時，既繁且慢，應用又狹；
> 一旦聯手，則快速而趨於完美。

3.5 極坐標方程式

直角坐標系的創建，將「**代數**」和「**幾何**」搭起了一座橋梁。間接地，發展出各樣的坐標系來描述幾何圖形的概念，所以直角坐標系並不是唯一的坐標系，這裡要介紹另一個常用的坐標系，就是**極坐標系**。要表示幾何軌跡，若能用極坐標方式來表示，會比用直角坐標系來得簡單，相對描圖也較簡潔。特別應用於圓錐曲線上，更能一眼看出這些曲線的隱含意義，簡化了一些圓錐曲線的性質。

甲、極坐標系與直角坐標系

平面上一點的位置，除了用直角坐標來表示，還有很多方法，這裡用極坐標。

定義 3–3

在平面上選定一定點 O，從點 O 引出一條射線 OX，再選定一個單位長度以及計算角度的正方向 (通常取逆時針方向)，這樣就建立了一個極坐標系。我們將定點 O、射線 OX 分別叫做**極點** (Pole / Origin)、**極軸** (Polar axis)。

設 P 為異於 O 的一點，若 $r=\overline{OP}$，且 θ 為以極軸 OX 為始邊至 OP 為終邊的有向角，我們用 (r, θ) 來代表點 P 的位置，則 (r, θ) 叫做點 P 的**極坐標** (Polar Coordinates)。

例如：點 A 與點 B 的極坐標分別為 $(1, 60°)$ 與 $(3, 150°)$，參見圖 3–33。

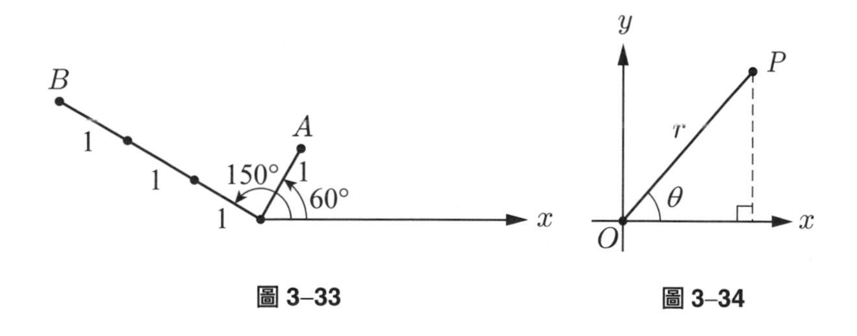

圖 3–33　圖 3–34

注意，極坐標中有向角的定義與廣義角相同，滿足 $(r,\ \theta)=(r,\ 360°\times n+\theta)$, $n\in\mathbb{Z}$，也容許 $r<0$，即 $(r,\ \theta)=(-r,\ 180°+\theta)$，所以圖 3–33 中 A 點也可以用 $(-1,\ 240°)$ 與 $(1,\ 420°)$ 來表示，這種無限多種表達形式是極坐標中重要的特性，與直角坐標系完全不同。

若將極點置於直角坐標系的原點，視極軸為 x 軸，若 P 點在直角坐標與極坐標分別為 $(x,\ y)$ 與 $(r,\ \theta)$，參見圖 3–34，則由三角函數的定義得到

$$x=r\cos\theta,\ y=r\sin\theta \tag{11}$$

其中 $x^2+y^2=r^2$ 並且 $\tan\theta=\dfrac{y}{x}$。

乙、圓錐曲線之極坐標方程式

我們考慮直線的一般式為 $ax+by+c=0$，用(11)式代入，就直接得到直線的極坐標方程式為

$$ar\cos\theta+br\sin\theta+c=0 \quad \text{或者} \quad r=\frac{-c}{a\cos\theta+b\sin\theta}。$$

同樣方式，圓方程式的標準式 $x^2+y^2=a^2$，用(11)式代入也得到圓的極坐標方程式為

$$\begin{aligned}&(r\cos\theta)^2+(r\sin\theta)^2=a^2\\ &\Rightarrow r^2(\cos^2\theta+\sin^2\theta)=a^2\\ &\Rightarrow r=\pm a\end{aligned}$$

現在就來考慮圓錐曲線的情形。建立極坐標系選取圓錐曲線的焦點 F 為**極點** O，從焦點 F 與準線 $L: x=-p$ 垂直的射線為**極軸**，參見圖 3–35。

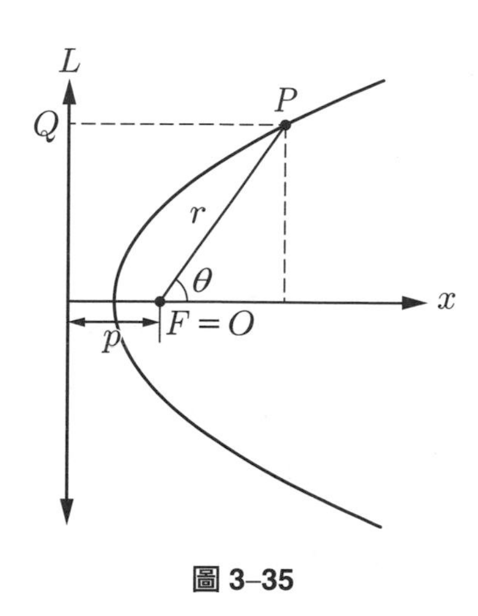

圖 3–35

由圓錐曲線焦準定式 $\overline{PF}=\varepsilon d(P, L)$，就有

$$\overline{PF}=\varepsilon\cdot\overline{PQ}\Rightarrow r=\varepsilon(p+r\cos\theta)$$

移項化簡得到

$$r=\frac{\varepsilon p}{1-\varepsilon\cos\theta}\qquad \text{(代表準線在極軸的左邊)。} \tag{12}$$

除了(12)式的形式還有如下三種：

$$r=\frac{\varepsilon p}{1+\varepsilon\cos\theta}\qquad \text{(代表準線在極軸的右邊)} \tag{13}$$

$$r=\frac{\varepsilon p}{1-\varepsilon\sin\theta}\qquad \text{(代表準線平行極軸的下方)} \tag{14}$$

$$r=\frac{\varepsilon p}{1+\varepsilon\sin\theta}\qquad \text{(代表準線平行極軸的上方)} \tag{15}$$

我們把(12)～(15)式叫做**圓錐曲線的極坐標方程式**。

注意，(12)式中 $\theta=90^\circ$ 時，得到 $r=\varepsilon p$，即是圓錐曲線的**正焦弦長之一半**。

例 7

判定 $r=\dfrac{15}{3-2\cos\theta}$ 之圖形。

解 將 $r=\dfrac{15}{3-2\cos\theta}$ 化簡為 $r=\dfrac{5}{1-\dfrac{2}{3}\cos\theta}$，得到 $\varepsilon=\dfrac{2}{3}$, $p=\dfrac{15}{2}$。

因為 $0<\varepsilon<1$，所以圖形為一橢圓，長軸頂點分別為 $(15, 0°)$ 與 $(3, 180°)$，所以中心為 $(6, 0°)$，且長軸長 $2a=18$，又 $b^2=a^2-c^2=a^2-(\varepsilon a)^2=a^2(1-\varepsilon^2)=45$，因此，$\dfrac{(x-6)^2}{81}+\dfrac{y^2}{45}=1$，參見圖 3–36。 □

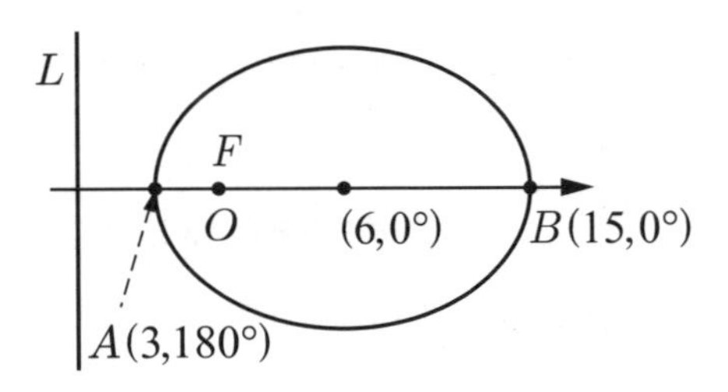

圖 3–36

【問題 4】 判定各圓錐曲線之圖形，並轉換成直角坐標方程式。

(a) $r=\dfrac{1}{1-\sin\theta}$。 (b) $r=\dfrac{4}{2-3\cos\theta}$。

值得一提，在直角坐標裡對於斜圓錐曲線的情形，是相當麻煩的，但在極坐標裡，只要增加一個角度 φ 就可解決，即是將(12)式改成

$$r=\frac{\varepsilon p}{1-\varepsilon\cos(\theta-\varphi)}。$$

圓錐曲線極坐標方程式的優點是很容易判斷其形狀。
例如：

$$r = \frac{2}{1 - 0.89\cos\theta}$$

則是一橢圓（因為 $\varepsilon = 0.89 < 1$），若考慮逆時鐘旋轉 45 度時，則極坐標方程式只要改為

$$r = \frac{2}{1 - 0.89\cos(\theta - 45°)}$$

因此，不同坐標有各自的適用之處，若能選擇適當的坐標，就能有效地表示其圖形。

3.6 阿基米德與圓錐曲線

古希臘數學之神**阿基米德**，在機械和力學上都有諸多成就，據說他最喜歡的是數學，值得一提的成就無數，如計算圓周率。其次，讓他最自豪的傑作，即是計算球、圓錐與圓柱的體積或表面積，還特別刻在墓碑上，成為他名垂千古的一大註記。另外，還計算拋物線弓形面積。這些計算更啟迪後世產生微積分。

甲、圓柱、球以及圓錐

我們觀察圓柱、球以及圓錐，似乎是獨立個體互不相干，但**阿基米德**竟然把球以及圓錐放入圓柱裡，還得出美妙的比例關係，也實踐了畢氏簡單整數比的美學理念。

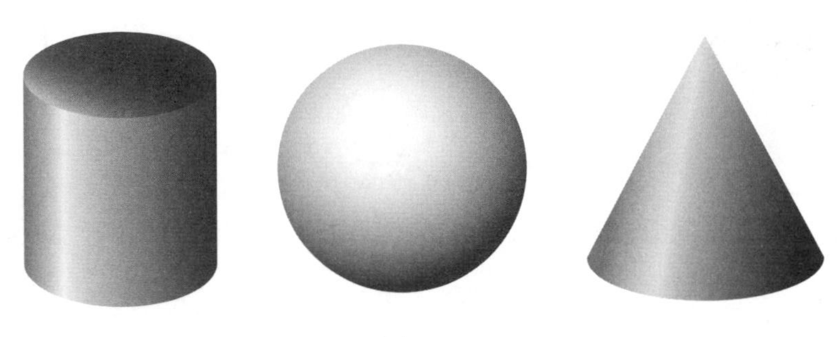

圖 3–37

於是我們就有

定理 3.12

如果一個圓錐與球均可以放入圓柱，且三者高度相同，其所占底面積相同，參見圖 3–38，則有三者的體積必存在一個關係式：

圓柱的體積 = 圓錐的體積 + 球的體積。

或者　　圓柱內切球體的體積是圓柱體積的三分之二倍。

即是體積比為

圓錐：球：圓柱 = 1：2：3。

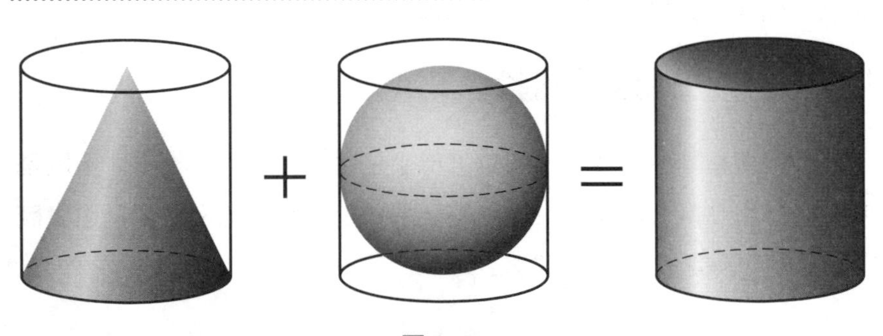

圖 3–38

證 明 因為圓錐與球要放入圓柱裡，所以球的直徑是圓柱的高，且球的半徑是圓錐底面的半徑，假設球的半徑為 r，那麼

$$\text{圓錐的體積} + \text{球的體積} = \pi r^2 \times 2r \times \frac{1}{3} + \frac{4}{3}\pi r^3 = 2\pi r^3$$

又圓柱的體積為 $\pi r^2 \times 2r = 2\pi r^3$

因此，圓柱的體積 = 圓錐的體積 + 球的體積

也很容易就得到

圓柱內切球體的體積是圓柱體積的三分之二倍。 ■

定理 3.13

如果一個圓錐與球均可以放入圓柱，且三者高度相同，其所占底面積相同，參見圖 3–38，則有三者的表面積比為

圓柱：球：圓錐 = 3：2：ϕ，其中 ϕ 為黃金比 $\frac{\sqrt{5}+1}{2}$。

證 明 因為圓錐與球要放入圓柱裡，所以球的直徑是圓柱的高，且球的半徑是圓錐底面的半徑，假設球的半徑為 r，則

圓柱的表面積為 $4\pi r^2 + 2\pi r^2 = 6\pi r^2$

球體的表面積為 $4\pi r^2$

圓錐的表面積為 $\frac{1}{2} \cdot \sqrt{5}r \cdot 2\pi r = \sqrt{5}\pi r$

因此，表面積比為圓柱：球：圓錐 = 3：2：ϕ。 ■

乙、拋物線弓形面積

阿基米德使用「**窮盡法**」(Method of Exhaustion) 來求拋物線弓形面積 P，他的作法為

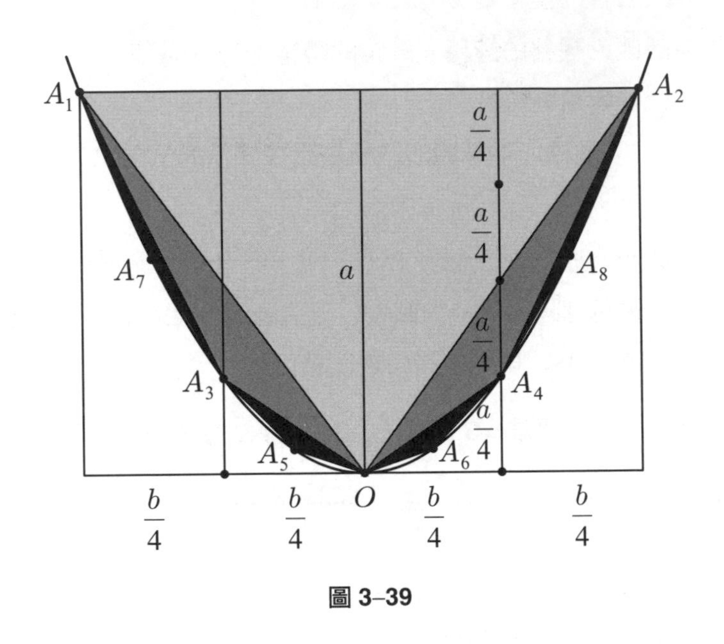

圖 3–39

第一步驟：先求 $\triangle OA_1A_2$ 的面積，定為 T，參見圖 3–39。

第二步驟：再求 $\triangle OA_1A_3$ 與 $\triangle OA_2A_4$ 的面積，其兩個面積均相等，各為 $\frac{1}{8}T$。

第三步驟：再求 $\triangle OA_3A_5$, $\triangle OA_4A_6$, $\triangle A_1A_3A_7$ 與 $\triangle A_2A_4A_8$ 的面積，其四個面積均相等，各為 $\frac{1}{64}T$。

按此步驟逐步求下去，終究會「窮盡」整塊拋物線弓形面積，因此我們得到一個無窮級數為

$$P = T + 2 \cdot \frac{T}{8} + 4 \cdot \frac{T}{64} + \cdots = T + \frac{T}{4} + \frac{T}{16} + \frac{T}{64} + \cdots \tag{16}$$

這級數叫做**阿基米德級數** (Archimedean series)，這是數學史上第一個無窮級數，而且那些三角形都叫做**阿基米德三角形** (Archimedean triangles)。

利用無窮等比級數的求和公式，⑯式立即就得到

$$P = T + \frac{T}{4} + \frac{T}{16} + \frac{T}{64} + \cdots = \frac{T}{1 - \frac{1}{4}} = \frac{4}{3}T$$

當 $T = 1$ 時，⑯式也可以寫成

$$\frac{1}{4} + \frac{1}{16} + \frac{1}{64} + \cdots + \frac{1}{4^n} + \cdots = \frac{1}{3} \tag{17}$$

⒄式可用圖 3–40 來表示，若圖 3–40 中大正方形或大三角形面積為 1，則黑色面積為

$$\frac{1}{4} + \frac{1}{16} + \frac{1}{64} + \cdots + \frac{1}{4^n} + \cdots = \frac{1}{3}$$

這真是太美妙，一張圖就能清晰地看到級數的和。

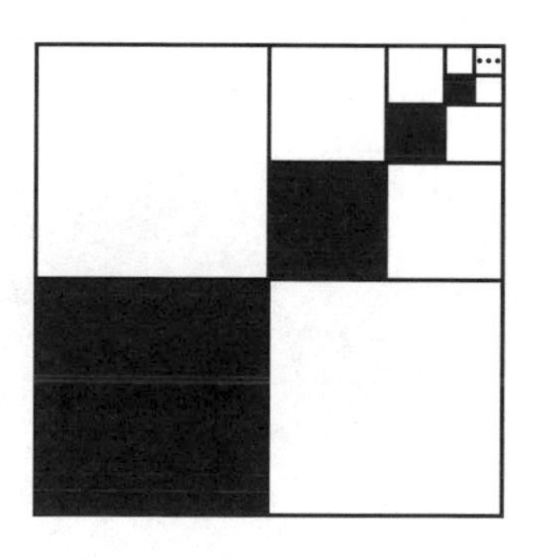

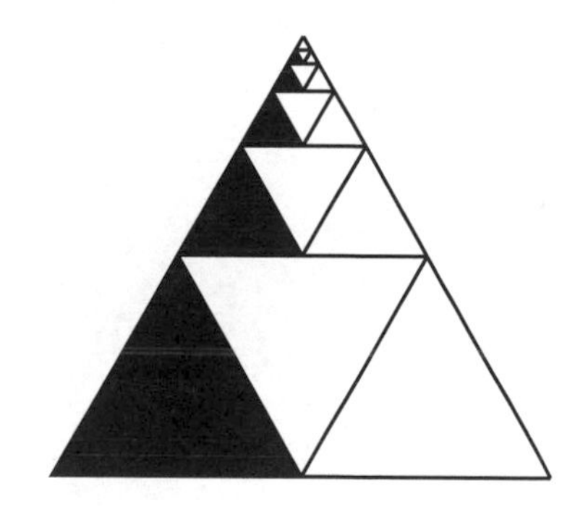

圖 3–40

交響曲

笛卡兒
頂起一片藍 天
燕子跳著輕快舞步
春
停靠樹上欣賞
烏雲散了
太陽用熱力光芒
把生機
扎進土裡

枝椏的曲線
彈出附著的主幹
交織成一脈絡
向著春的方向
不論平移或旋轉
仍是同調的
交響樂章

第4章

二次曲線

4.1 圖形與方程式
4.2 坐標軸的平移與旋轉
4.3 二次方程式的標準化
4.4 二次曲線的切線與法線
4.5 Pappus 定理與 Pascal 定理

坐標系的出現，讓幾何圖形與代數方程式互相表現，互相轉化。數與形原本各自發展，現在變成二合一。因為「數缺形，少直覺；形缺數，難入微」，所以數與形合一後，從此圖形的直觀與代數的計算攜手走天涯，威力強大。

首先產生解析幾何，又叫坐標幾何，有了解析幾何才促成微積分與力學的誕生，以及各支現代數學與現代物理學的蓬勃發展。

在幾何學這一面，從歐氏幾何到圓錐曲線，再到解析幾何，走了約兩千年，真是漫漫長路。接續發展出向量幾何，射影幾何，非歐幾何，微分幾何，……等等，如雨後春筍般生長出來。

圓錐曲線都可以統合在二次方程式之下，萬流歸宗。反過來二次方程式也差不多是圓錐曲線，只是多出幾個退化的曲線而已。

本章的主題是，給一個二次方程式，我們要探索它所代表的圖形，並且進一步判別它是何種曲線。

4.1 圖形與方程式

幾何圖形是直觀的，而代數方程式是抽象但可算的。有趣地，當我們固定取一個坐標系，一個幾何與取定一個坐標系，一個幾何圖形就對應一個代數方程式，就是 1–1 對應。從力學的眼光來看，一個坐標系就是一個觀測世界的基準，所以叫做**觀測坐標系**。但是，同一個圖形，由於觀測坐標系的不同，表現出的方程式就不同，所以從圖形到方程式是一對應多。

例如：一圓放在直角坐標系的方程式為 $x^2 + y^2 = a^2$，但改放在極坐標系，其方程式便改為 $r=\pm a$。可見同一個圖形，取各種不同的坐標系，就對應各種不同形狀的方程式，這是一對應多，就像同一個人，在不同場合穿著不同的衣服，因此，坐標系就是一種觀測圖形的方便之門。

古希臘人研究了歐氏曲線、圓柱曲線以及圓錐曲線，總結如下：

歐氏曲線 2 種： 直線與圓，分別是直尺與圓規所作出的圖。

圓柱曲線 4 種： 一直線（事實上是兩直線重合）、兩平行直線、圓與橢圓。

圓錐曲線 7 種： 一點、一直線、兩相交直線、圓、橢圓、拋物線與雙曲線。

值得注意的是，圓柱曲線的橢圓與圓錐曲線的橢圓是相同的，因為刻畫條件一樣。我們也視直線為曲線的特例。這些曲線分成退化情形 (degenerate) 與非退化情形 (nondegenerate)。非退化的圓錐曲線有 4 種：**圓**、**橢圓**、**拋物線**與**雙曲線**，其餘 3 種為退化的情形。

這些圖形不論是放在標準位置或非標準位置上，它們的方程式都可以歸結為一般的**二次方程式**的形式

$$Ax^2+2Bxy+Cy^2+2Dx+2Ey+F=0 \tag{1}$$

其中 $A, B, C, \cdots, F$ 為任意實數。若 A, B, C 不全為 0，叫做**真二次式**；否則叫做**假二次式**。有的書只討論真二次式的情形，本書我們採取最寬鬆的觀點，討論任何的二次方程式。反過來，我們要問(1)式代表哪些圖形呢？光看(1)式我們看不出來，需要經過**坐標軸平移** (translation of axes) 或**坐標軸旋轉** (rotating coordinate axes)，將(1)式化為標準形才看得出來。(1)式所對應的圖形叫做**二次曲線**。

本章所要探討的主題，會涉及坐標軸的平移與旋轉，主要是讓處在非標準位置的圖形變成標準位置，從而一眼就看出是何種圖形。接下來，逐步來解答：

任意給一個一般的二次方程式如(1)式，
如何判斷它代表的是何種圖形？

例 1

非退化的圓錐曲線是：圓、橢圓、拋物線與雙曲線。在圖 4–1(a)及圖 4–1(b)中我們觀察它們在標準位置的圖形與方程式。

解

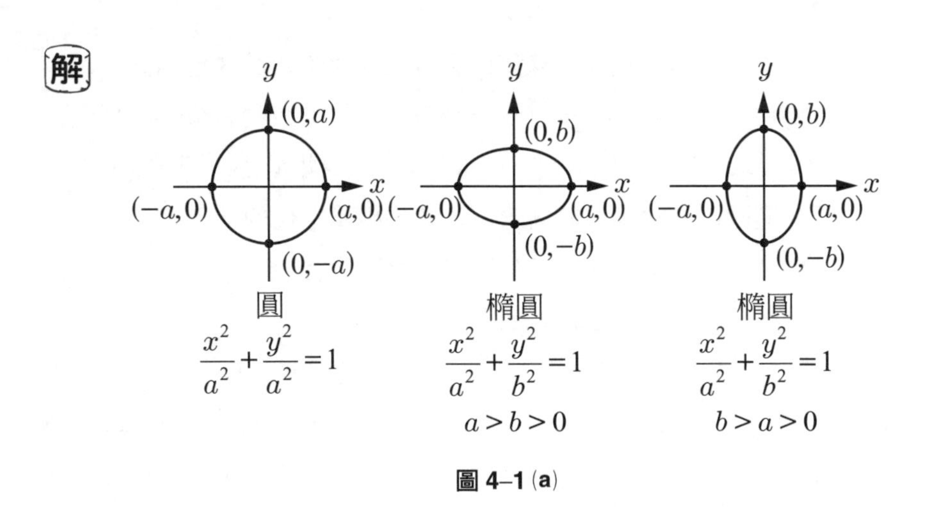

圖 4–1(a)

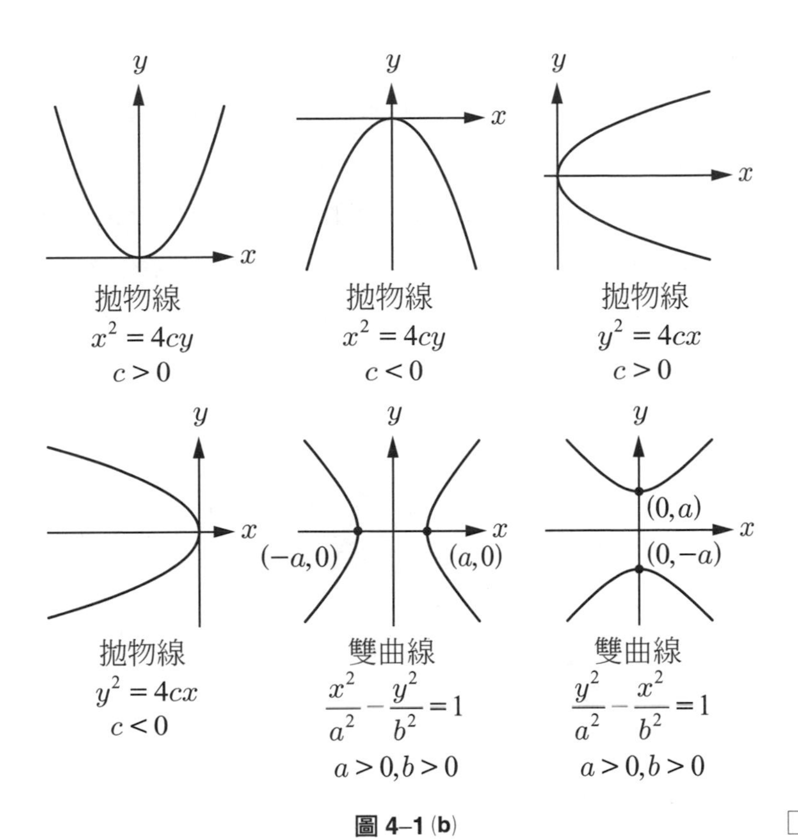
y
x
拋物線
$x^2 = 4cy$
$c > 0$
y
x
拋物線
$x^2 = 4cy$
$c < 0$
y
x
拋物線
$y^2 = 4cx$
$c > 0$
y
x
拋物線
$y^2 = 4cx$
$c < 0$
y
x
$(-a,0)$
$(a,0)$
雙曲線
$\frac{x^2}{a^2} - \frac{y^2}{b^2} = 1$
$a > 0, b > 0$
y
x
$(0,a)$
$(0,-a)$
雙曲線
$\frac{y^2}{a^2} - \frac{x^2}{b^2} = 1$
$a > 0, b > 0$

圖 4–1 (b)

□

例 2

方程式與圖形的互相對應，必要時將方程式化為標準形。我們用兩個例子給予說明:

假設直圓錐頂點為 A, $\overline{BC}$ 為底面的直徑並且 O 為圓心, $\overline{EF}\perp\overline{BC}$ 交於 O，參見圖 4–2，若 D 為 $\overline{AC}$ 的中點，並且 $\triangle ABC$ 為邊長 8 的正三角形，則 D, E, F 三點所在平面截出圓錐截痕為一拋物線，並且其正焦弦長為 4。

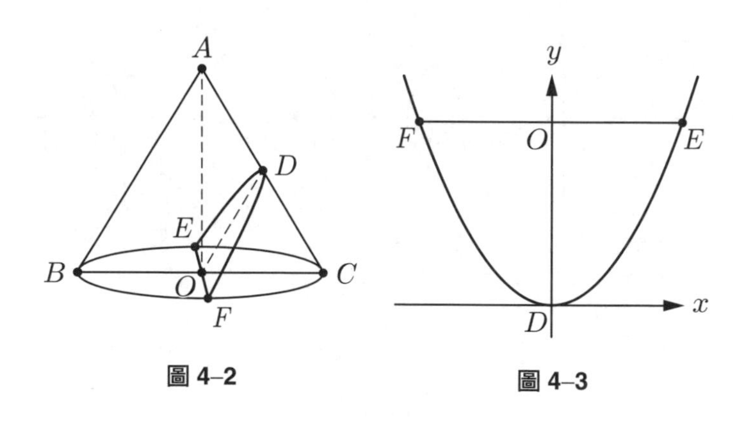

圖 4–2　　圖 4–3

解　考慮 $\triangle ABC$ 中，因為 $\overline{AD}=\overline{DC}$, $\overline{BO}=\overline{OC}$，所以

$$\overline{OD}/\!/\overline{AB},\ \overline{OD}=\frac{1}{2}\overline{AB}=4$$

於是 D, E, F 三點所在平面與 $\overline{AB}$ 平行，得到所截出圓錐截痕為一拋物線。現在我們將拋物線適當作坐標化，為了方便取標準形，以 D 點為頂點且開口向上，參見圖 4–3，得到拋物線方程式為 $x^2=4cy$。

由於 $\overline{OD}=\overline{OE}=4$，推得 $E(4, 4)$，代入 $x^2=4cy$，我們就有

$$4^2=4c\cdot 4 \Rightarrow 4c=4$$

因此，正焦弦長為 $4c=4$。 □

其次，證明雙曲線焦點與漸近線的距離等於共軛軸長之一半。

證　明　不失一般性，將雙曲線適當作坐標化，特別取標準形，假設雙曲線方程式為

$$\frac{x^2}{a^2}-\frac{y^2}{b^2}=1。$$

我們得到兩漸近線方程式為 $bx\pm ay=0$，並且兩焦點為 $(\pm c, 0)$，則雙曲線焦點與漸近線的距離為

$$\frac{|b(\pm c)\pm a\cdot 0|}{\sqrt{b^2+(\pm a)^2}}=\frac{bc}{c}=b。$$

b 即為共軛軸長之一半，因此，焦點與漸近線的距離等於共軛軸長之一半。 ■

我們再問：二次曲線有幾種圖形？答案恰好有 10 種，請看下面的例子。

 3

我們來觀察一般二次方程式的所有可能圖形。

解

（二合一）

代數方程式……………………幾何圖形

$Ax^2+Bxy+Cy^2+Dx+Ey+F=0$	$\mathbb{R}^2$ 中的子集
(i) $x^2+3y^2+2=0$	空無 $\varnothing$
(ii) $(x-2)^2+(y-3)^2=0$	一點 (2, 3)
(iii) $2x+y+1=0$ 或 $(x+2y-1)^2=0$	一直線（可以是兩直線重合）
(iv) $(x+2y-3)(2x-y+1)=0$	兩相交直線
(v) $(x+2y+3)(x+2y+5)=0$	兩平行直線（不相交）
(vi) $x^2+y^2=a^2$ 或 $(x-h)^2+(y-k)^2=a^2$	圓
(vii) $4x^2+25y^2-100=0$	橢圓
(viii) $y^2-8x=0$	拋物線
(ix) $4x^2-9y^2-36=0$	雙曲線
(x) $A=B=C=D=E=F=0$	整個平面 $\mathbb{R}^2$

□

美妙地，坐標出現產生二次曲線共有 10 種，有 $\varnothing$、一點、一直線（兩重合直線）、兩相交直線、兩平行直線、圓、橢圓、拋物線、雙曲線、以及整個坐標平面 $\mathbb{R}^2$。幾何圖形與代數方程式相互對應關係如下：

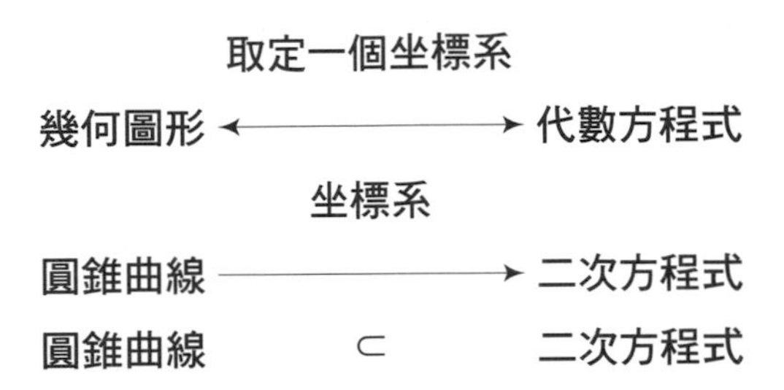

因此

一次曲線（即直線）$\subset$ **歐氏曲線** $\subset$ **圓柱曲線** $\subset$ **圓錐曲線** $\subset$ **二次曲線**。

可見到代數的威力與美妙，法國數學家**達朗貝**（D'Alembert, 1717～1783 年）說：

代數是慷慨的，她總是要求得少，但給得多。

從歐氏曲線、圓柱曲線、圓錐曲線到二次曲線，是古典幾何的核心論題，從代數的眼光來看，這些都屬於一次與二次的世界。簡潔又充滿著規律的美妙。

有了坐標使得「代數」與「幾何」合一，各種代數方程式精確描述各種圖形。反之，每種圖形也有對應的代數方程式。甚至到了十六世紀後，代數直接探索大自然、宇宙、生命的奧秘，美妙地數學成為推理的音樂，美妙至極。

4.2 坐標軸的平移與旋轉

給定一般的二次方程式如(1)式，透過坐標軸的平移與旋轉將它化成標準形，以便看出它是何種圖形。注意，在坐標軸的平移與旋轉之下，圖形是不變的。

在圖 4–4 的左圖(a)是**坐標軸平移**，將舊坐標軸 Oxy 平移成新坐標軸 $O'x'y'$，新的原點為 $O'(h, k)$。

在圖 4–4 的右圖(b)是**坐標軸旋轉**，將舊坐標軸 Oxy 旋轉 θ 角度成為新坐標軸 $O'x'y'$，此時新舊坐標的原點合一 $O'=O(0, 0)$。當然旋轉可以是順時針，也可以是逆時針。

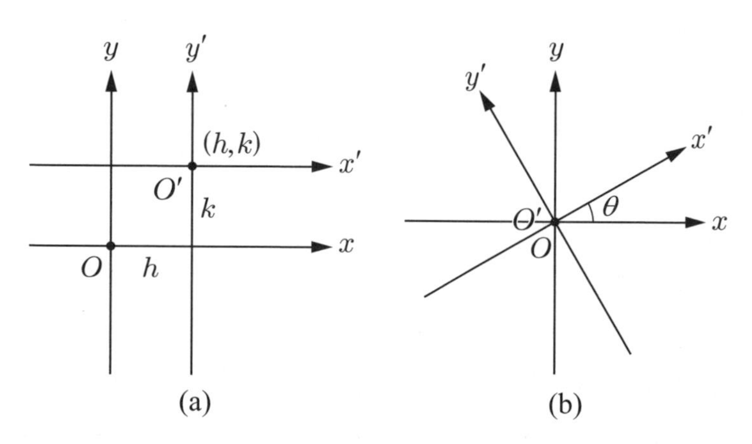

圖 4–4：坐標軸的平移與旋轉

為了進一步理解坐標軸的變換，我們先觀察一維直線坐標系的特例。

甲、一維坐標軸的平移

一維直線的坐標系就是實數線，它的坐標變換只是**平移**(translation)，向左或向右。這分成被動觀點與主動觀點，參見圖 4–5。

被動觀點： 坐標軸移動，但是直線與點不動。

主動觀點： 坐標軸不動，讓直線與點移動。
這有乾坤大挪移的意味。

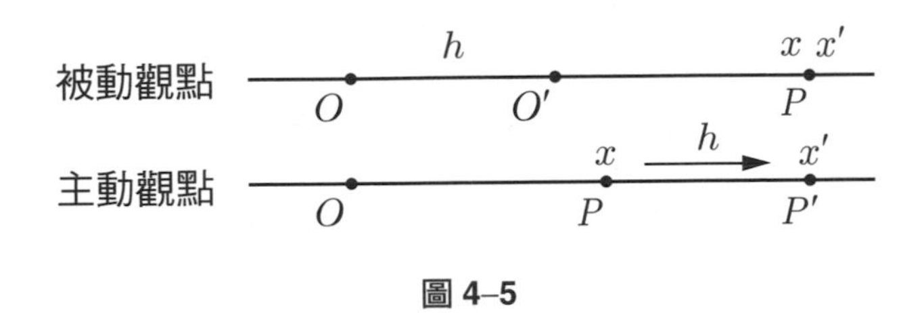

圖 4–5

在被動觀點之下，同一點 P 有新坐標 x' 與舊坐標 x。觀察圖 4–5 的上圖，立即看出新坐標與舊坐標的關係為

$$x'=x-h \quad \text{或} \quad x=x'+h。 \tag{2}$$

在主動觀點之下，把點 $P=x$（舊坐標）變成點 $P'=x'$（新坐標），由圖 4–5 的下圖，立即看出新坐標與舊坐標的關係為

$$x'=x+h \quad \text{或} \quad x=x'-h。 \tag{3}$$

我們發現，(2)與(3)兩式基本上沒有區別，加變減，減變加，所以我們選擇一種來討論就好。通常我們選擇**被動觀點**，這比較方便。

同理，對於兩維平面坐標系的變換也有這兩個觀點，我們只展現被動的觀點：平面不動，只有坐標軸移動。

乙、兩維坐標軸的平移

將舊坐標軸 Oxy 平移成為新的坐標軸 $O'x'y'$，並且假設新坐標系的原點為 $O'(h, k)$。當然此時 x', y' 軸的正向與 x, y 軸的正向方向相同。參見圖 4–6。

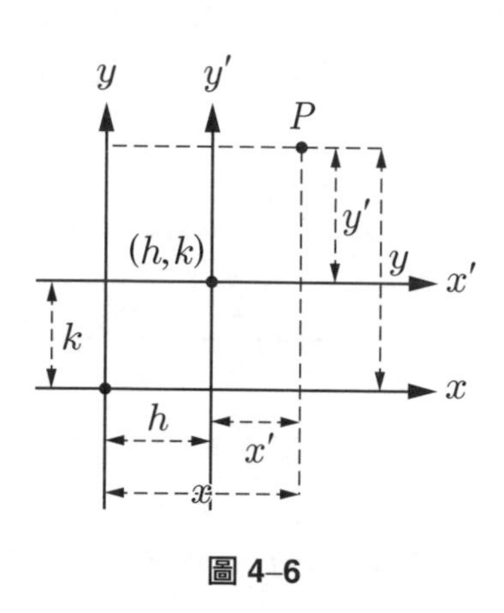

圖 4–6

在坐標平面上給定一點 P，令它在舊坐標系中的坐標為 (x, y)，在新坐標系中的坐標為 (x', y')，則由圖 4–6 立即看出

$$\begin{cases} x = x' + h \\ y = y' + k \end{cases} \tag{4}$$

這是舊坐標表為新坐標；或者也可以新坐標表為舊坐標：

$$\begin{cases} x' = x - h \\ y' = y - k \end{cases} \tag{5}$$

(4)與(5)兩式叫做**移軸方程式**或**平移的坐標變換公式**。在作坐標變換時，通常使用(4)式；要探求原方程式的性質時，使用(5)式。

坐標軸的平移也可以分解成兩個動作，先將 x 軸平移 h，再將 y 軸平移 k，合起來就是將坐標軸平移至新的原點 $O'(h, k)$。例如，將坐標軸平移到新原點 $(2, 1)$，若點 P 的舊坐標為 $P(3, -5)$，則其新坐標 (x', y') 為 $P(1, -6)$: $x' = 3 - 2 = 1$, $y' = 1 - (-5) = 6$。

其次，在舊坐標系 Oxy 中，若圖形 Γ 之方程式為 $f(x, y) = 0$，經過坐標軸平移後，以 $O'(h, k)$ 為新原點，則 Γ 在新坐標系之方程式為 $f(x'+h,\ y'+k) = 0$。例如，假設 Γ 的方程式為 $2x^2 - y - 1 = 0$，作坐標軸的平移，以 $(2,\ -3)$ 為新原點，則新的方程式為 $2(x'+2)^2 - (y'-3) - 1 = 0$，化簡為 $2(x')^2 + 8x' + 10 = 0$。

坐標軸的平移跟配方法緊密相連，請看下面例子。

例 4

假設拋物線的對稱軸為 $y = 3$，焦點為 $(5, 3)$，準線為 $x = 3$。求此拋物線的方程式，再將它化成標準形。

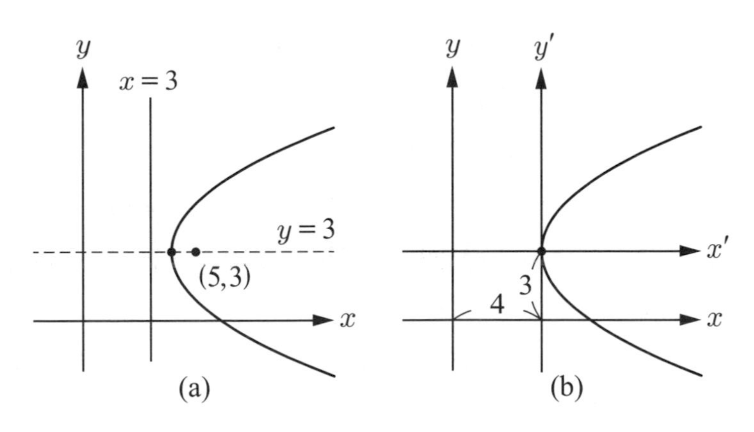

圖 4–7

解 先求拋物線的方程式。根據拋物線的定義

$$\sqrt{(x-5)^2+(y-3)^2}=|x-3|$$

兩邊平方再化簡，得到

$$y^2-4x-6y+25=0$$

這不是標準形。若當初不知道這是由拋物線得到的方程式，則光看方程式我們無法立即知道它是什麼圖形。還好，它不含交叉項 xy。我們可將它化成標準形：對 y 作配方，得到

$$(y-3)^2=4(x-4) \tag{6}$$

由此看出，只要令

$$x'=x-4 \quad \text{且} \quad y'=y-3$$

即作坐標軸平移，就變成標準形

$$(y')^2=4x'$$

立即知圖形為拋物線。 □

在**例 4** 中(6)式若改為

$(y-3)^2=9$　　則所代表圖形為兩平行直線：$y=0$, $y=6$。

$(y-3)^2=0$　　則所代表圖形為一直線：$y=3$。

$(y-3)^2=-9$　　則沒有圖形。

由上述例子中，皆是二次方程式 $Ax^2+2Dx+2Ey+F=0$ $(A\neq 0)$ 的形式，所代表圖形有**一拋物線、兩平行直線、一直線（兩重合直線）、沒有圖形**等等。

同理二次方程式 $Cy^2+2Dx+2Ey+F=0$ $(C\neq 0)$ 的圖形亦相同。注意，這時拋物線的對稱軸平行於 x 軸。

例 5

假設橢圓的兩焦點為 $F_1(1+\sqrt{5}, -2)$ 與 $F_2(1-\sqrt{5}, -2)$，動點 $P(x, y)$ 到兩焦點距離和為 6。求此橢圓的方程式，再將它化成標準形。

解　先求橢圓的方程式。根據橢圓的定義

$\sqrt{(x-1-\sqrt{5})^2+(y+2)^2}+\sqrt{(x-1+\sqrt{5})^2+(y+2)^2}=6$。

左式中其一根號移項後兩邊平方再化簡，得到

$$4x^2+9y^2-8x+36y+4=0$$

這不是標準形。

我們可將它化成標準形：對 x 與 y 作配方，得到

$$\frac{(x-1)^2}{9}+\frac{(y+2)^2}{4}=1 \qquad (7)$$

由此看出，只要令

$$x'=x-1 \quad 且 \quad y'=y+2$$

即作坐標軸平移，就變成標準形

$$\frac{(x')^2}{9}+\frac{(y')^2}{4}=1$$

立即知圖形為橢圓。　□

在**例 5** 中(7)式若改為

$\dfrac{(x-1)^2}{9}+\dfrac{(y+2)^2}{4}=0$　　則所代表圖形為一點 $(1, -2)$。

$\dfrac{(x-1)^2}{9}+\dfrac{(y+2)^2}{4}=-1$　　則沒有圖形。

由上述例子中皆是二次方程式 $Ax^2+Cy^2+2Dx+2Ey+F=0$

$(AC>0)$ 的形式，所代表圖形有**一橢圓、一點以及沒有圖形**等等。注意，當 $AC>0$ 且 $A=C$ 時，則是**一圓**。

若換成探討雙曲線的情形如【問題 1】，同樣地由雙曲線定義亦得到二次方程式為 $Ax^2+Cy^2+2Dx+2Ey+F=0$，但 $AC<0$，這時所代表圖形有**一雙曲線、兩相交直線**等等。

【問題 1】假設雙曲線的兩焦點為 $F(3, \sqrt{29})$ 與 $F'(3, -\sqrt{29})$，動點 $P(x, y)$ 到兩焦點距離和為 10。求此雙曲線的方程式，再將它化成標準形。

綜合之，當給定二次方程式為

$$Ax^2+Cy^2+2Dx+2Ey+F=0 \tag{8}$$

時，是沒有交叉項 xy $(B=0)$ 的情形，共同特性是圖形的對稱軸至少有一條與坐標軸平行，我們只需作坐標軸平移就可變成標準形，過程說明如下：

將(8)式透過配方法，使得一次項合併在平方項裡，我們就有

$$A(x-h)^2+C(y-k)^2=F'$$

再令

$$x'=x-h \quad 且 \quad y'=y-k$$

即作坐標軸平移後消除一次項，新原點為 $O'(h, k)=(0, 0)$，就變成標準形如

$$A(x')^2+C(y')^2=F'。 \tag{9}$$

注意，(8)式中作坐標軸平移後，得到標準形如(9)式，很顯然地，係數 A 與 C 的值是保持不變的，係數 A 與 C 的值我們叫做**不變量** (invariant)，因此，就利用係數 A 與 C 來決定原方程式所代表的圖形，

於是就有

定理 4.1

給定二次方程式

$$Ax^2 + Cy^2 + 2Dx + 2Ey + F = 0。\tag{8}$$

(i) 若 $AC > 0$，

當 $A = C$ 時，則其圖形為一圓（或是其退化情形：一點以及沒有圖形）。

當 $A \neq C$ 時，則其圖形為一橢圓（或是其退化情形：一點以及沒有圖形）。

(ii) 若 $AC < 0$，則其圖形為一雙曲線（或是其退化情形：兩相交直線）。

(iii) 若 A 或 C 其一為零（換言之缺 x^2 或者缺 y^2），則其圖形為一拋物線（或是其退化情形：兩平行直線、一直線以及沒有圖形）。

從**定理 4.1** 我們得到二次曲線包含非退化的圓錐曲線：**圓**、**橢圓**、**拋物線**、以及**雙曲線**，與退化的圓錐曲線：**沒有圖形**、**一點**、**一直線（兩重合直線）**、**兩相交直線**、**兩平行直線**共有九種。我們還要問，給定更一般二次方程式含交叉項 xy $(B = 0)$ 的情形，如(1)式，也會得到同樣九種的圖形嗎？繼續閱讀，答案即將揭曉。

例 6

證明方程式

$$\frac{x^2}{9-\alpha}+\frac{y^2}{5-\alpha}=1$$

(i) 當 $\alpha<5$ 時，則方程式為一焦點 $(\pm 2, 0)$ 的橢圓。

(ii) 當 $5<\alpha<9$ 時，則方程式為一焦點 $(\pm 2, 0)$ 的雙曲線。

(iii) 當 $\alpha>9$ 時，則方程式為沒有圖形。

證 明 (i) 因為常數為 1，由**定理 4.1** 知當 $5-\alpha>0,\ 9-\alpha>0$ 時，即 $\alpha<5$，則方程式為一橢圓。令 $(\pm c, 0)$ 為橢圓的焦點，則

$$c^2=a^2-b^2=(9-\alpha)-(5-\alpha)=4$$

得到 $c=2$。

因此，橢圓的焦點坐標為 $(\pm 2, 0)$。

(ii) 由**定理 4.1** 知當 $(9-\alpha)(5-\alpha)<0$ 時，即 $5<\alpha<9$，則方程式為一雙曲線。令 $(\pm c, 0)$ 為雙曲線的焦點，則有

$$c^2=a^2+b^2=(9-\alpha)+(\alpha-5)=4$$

得到 $c=2$。

因此，雙曲線的焦點坐標為 $(\pm 2, 0)$。

(iii) 由**定理 4.1** 知當 $5-\alpha<0,\ 9-\alpha<0$ 時，即 $\alpha>9$，則方程式為沒有圖形。 ■

【問題 2】給定下列二次方程式，透過配方法的處理與坐標軸的平移，求在新坐標系之下的方程式並且作圖，同時也顯示出新舊坐標軸。

(i) $x^2+6x-8y+1=0$

(ii) $3x^2+4y^2-12x+8y+4=0$

(iii) $4x^2-3y^2+8x+12y-8=0$

(iv) $16x^2-9y^2-64x-54y-161=0$

丙、兩維坐標軸的旋轉

第 3 章提到圓錐曲線的統一觀點的定義式，即

焦準定式： $\overline{PF}=\varepsilon d(P, L)$

現在就用焦準定式來觀察方程式的形式。

例如：考慮一焦點 $F(3, 2)$，準線 L 為 $2x-y-4=0$，以及離心率 $\varepsilon=\dfrac{1}{2}$ 的橢圓，若 $P(x, y)$ 為橢圓上任一點，則由**焦準定式**得到

$$\sqrt{(x-3)^2+(y-2)^2}=\frac{1}{2}\cdot\frac{|2x-y-4|}{\sqrt{5}} \tag{10}$$

將(10)式展開時，注意到會有交叉項 xy 出現，主要原因是準線為斜直線（也代表至少有一個對稱軸與坐標軸互相不平行的），還有(10)式展開式必為二次方程式。

綜合之，對於任何一圓錐曲線（如拋物線、圓、橢圓、雙曲線以及其退化的圖形）都是屬於二元二次方程式。

反過來，我們要問對於含交叉項 xy 的二次方程式如(1)式，即是 $B\neq 0$，也如同**定理 4.1** 有九種的二次曲線嗎?

我們常用坐標軸的旋轉消除交叉項 xy 後，就得到新方程式如(8)式的形式，再利用坐標軸的平移消除一次項 x 與 y，方程式就可變成標準形。底下就先來介紹坐標軸旋轉。

將舊坐標系 Oxy 以原點為中心逆時針旋轉角度 θ，成為新坐標系

$O'x'y'$，其實逆時針或順時針都無關緊要。在坐標平面上，一個點 P 同時就有舊坐標為 (x, y) 與新坐標為 (x', y')，我們要來探求新舊兩坐標之間的關係。

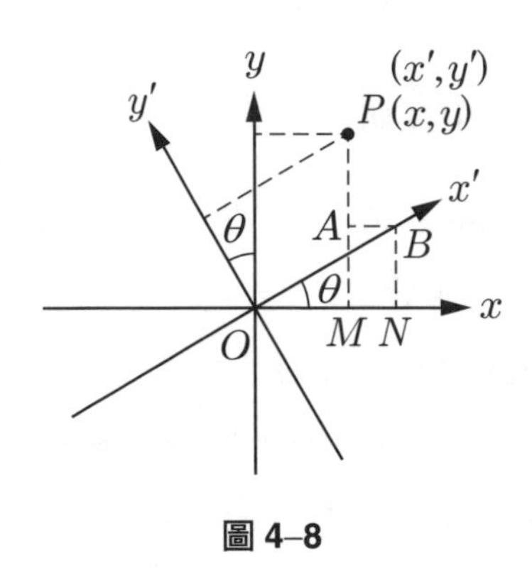

圖 4–8

在圖 4–8 中，我們觀察到

$$\overline{OM}=x,\ \overline{PM}=y,\ \overline{OB}=x',\ \overline{PB}=y'$$

並且

$$\begin{aligned}x&=\overline{OM}=\overline{ON}-\overline{MN}=\overline{ON}-\overline{AB}\\&=\overline{OB}\cdot\cos\theta-\overline{PB}\cdot\sin\theta=x'\cos\theta-y'\sin\theta\\y&=\overline{PM}=\overline{AM}+\overline{PA}=\overline{BN}+\overline{PA}\\&=\overline{OB}\cdot\sin\theta+\overline{PB}\cdot\cos\theta=x'\sin\theta+y'\cos\theta\end{aligned}$$

於是得到

$$\begin{cases}x=x'\cos\theta-y'\sin\theta\\y=x'\sin\theta+y'\cos\theta\end{cases}\quad\text{(舊坐標表為新坐標)}\tag{11}$$

或者解出 x' 與 y'，得到

$$\begin{cases}x'=x\cos\theta+y\sin\theta\\y'=-x\sin\theta+y\cos\theta\end{cases}\quad\text{(新坐標表為舊坐標)}\tag{12}$$

我們將(11)與(12)式叫做**旋轉方程式**或**旋轉 θ 角度的坐標變換公式**。注意，旋轉後原點與單位長均不變，只改變坐標軸的方向。

例 7

設 $P(2, 4)$

(i) 將坐標軸旋轉 $\theta=60^\circ$ 後，試求 P 點之新坐標。

(ii) 若坐標軸不變，P 點以原點為中心逆時針方向旋轉 60°，試求 P 點之新位置的坐標。

解　(i) 將 $P(2, 4)$ 且 $\theta=60^\circ$ 代入(12)式得到

$$x'=2\cos 60^\circ+4\sin 60^\circ=1+2\sqrt{3}$$

$$y'=-2\sin 60^\circ+4\cos 60^\circ=2-\sqrt{3}$$

因此，P 點之新坐標為 $(1+2\sqrt{3},\ 2-\sqrt{3})$。

(ii) 依照題意就是坐標軸旋轉 $\theta=-60^\circ$，於是代入(12)式得到

$$x'=2\cos(-60^\circ)+4\sin(-60^\circ)=1-2\sqrt{3}$$

$$y'=-2\sin(-60^\circ)+4\cos(-60^\circ)=2+\sqrt{3}$$

因此，P 點之新位置的坐標為 $(1-2\sqrt{3},\ 2+\sqrt{3})$。　□

其次，在舊坐標系 Oxy 中，若圖形 Γ 之方程式為 $f(x, y)=0$，經過坐標軸旋轉，以原點為中心逆時針旋轉角度 θ 後，則 Γ 在新坐標系之方程式為

$$f(x'\cos\theta-y'\sin\theta,\ x'\sin\theta+y'\cos\theta)=0。$$

當橢圓、拋物線以及雙曲線的標準式，以原點為中心逆時針旋轉角度 45° 後，得到新坐標系之方程式必出現交叉項 xy，請看下面例子。

注意，圓以原點為中心逆時針旋轉角度 45° 後，圖形仍是圓。換句話說，無論坐標軸旋轉的角度 θ 為何，圓方程式 $x^2+y^2=r^2$ 經過坐標軸旋轉的角度 θ 後，得到新方程式為

$$(x')^2+(y')^2=r^2。$$

例 8

若坐標軸不動，將橢圓 $x^2+4y^2=4$ 以原點為中心逆時針旋轉 45°，求在新位置的橢圓方程式，並且作圖。

注意，圖形旋轉 θ 相當於圖形不變，將坐標軸旋轉 $-\theta$ 之相對位置關係。

解 因為 $\sin 45° = \cos 45° = \dfrac{1}{\sqrt{2}}$，所以旋轉 45° 的坐標變換公式為

$$x=\frac{x'+y'}{\sqrt{2}} \quad 與 \quad y=\frac{-x'+y'}{\sqrt{2}}$$

代入橢圓方程式，整理化簡後得新位置的橢圓方程式為

$$5(x')^2-6x'y'+5(y')^2-8=0。$$

作圖如下：

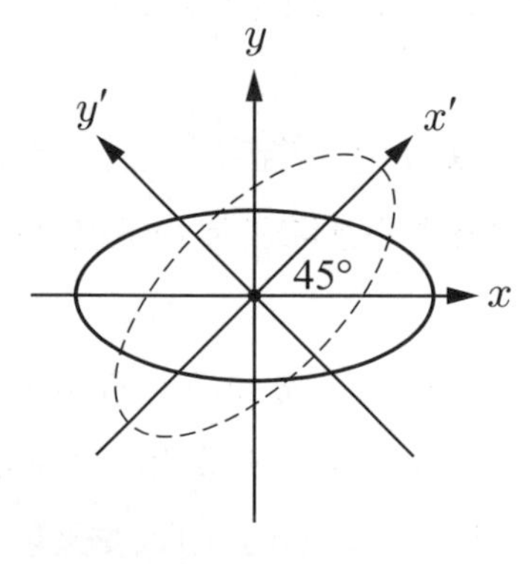

圖 4–9

□

從**例 8** 中給了我們另一個想法：若圓錐曲線的對稱軸傾斜時，其方程式就會出現交叉項 xy，若要判定此二次曲線的圖形，可用坐標軸旋轉使得其對稱軸平行於坐標軸，就可消去 xy 項。我們再看下面兩個例子。

 **9**

給定二次方程式

$$x^2 - xy + y^2 - 2 = 0$$

將坐標軸逆時針旋轉 45°，求在新坐標系之下的方程式並且作圖，同時也顯示出新舊坐標軸。

解　因為 $\sin 45° = \cos 45° = \frac{1}{\sqrt{2}}$，所以旋轉 45° 的坐標變換公式為

$$x = \frac{x' - y'}{\sqrt{2}} \quad 與 \quad y = \frac{x' + y'}{\sqrt{2}}$$

代入原方程式得到

$$\frac{(x' - y')^2}{2} - \frac{x' - y'}{\sqrt{2}} \cdot \frac{x' + y'}{\sqrt{2}} + \frac{(x' + y')^2}{2} - 2 = 0$$

展開再化簡，交叉項消除了，得到橢圓的標準式為

$$\frac{(x')^2}{4} + \frac{(y')^2}{\frac{4}{3}} = 1。$$

作圖如下：

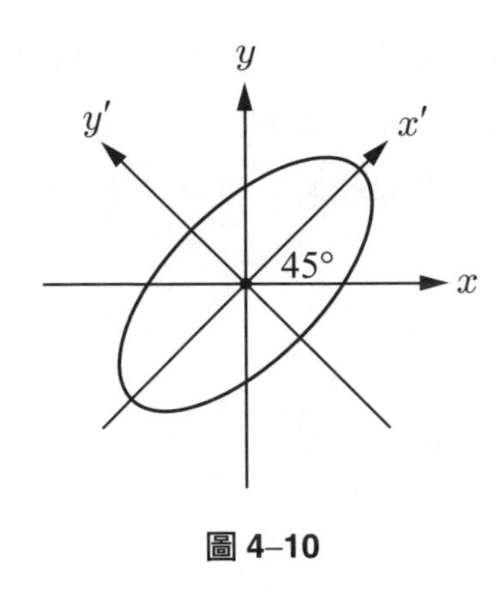

圖 4–10

□

例 10

給定二次方程式

$$x^2+4xy-2y^2-6=0$$

將坐標軸逆時針旋轉角度 $\theta=\tan^{-1}(\frac{1}{2})$，求在新坐標系之下的方程式並且作圖，同時也顯示出新舊坐標軸。

解 $\theta=\tan^{-1}(\frac{1}{2})$ 為第一象限角，參見圖 4–11。

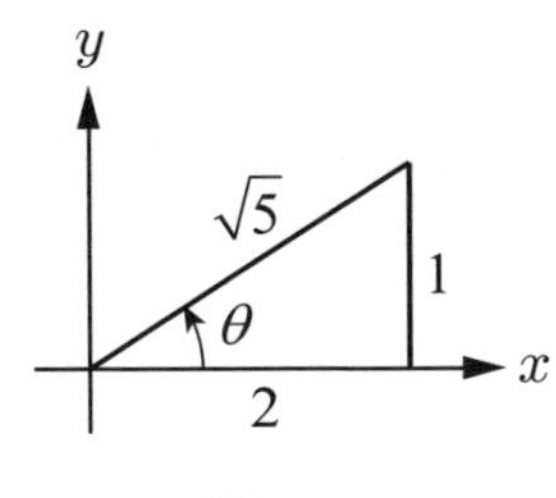

圖 4–11

由此圖我們讀出

$$\sin\theta = \frac{1}{\sqrt{5}} \quad \text{與} \quad \cos\theta = \frac{2}{\sqrt{5}}$$

所以旋轉 θ 的坐標變換公式為

$$x = \frac{2x' - y'}{\sqrt{5}} \quad \text{與} \quad y = \frac{x' + 2y'}{\sqrt{5}}$$

代入原方程式，展開再化簡，交叉項消失了，得到雙曲線的標準式：

$$\frac{(x')^2}{3} - \frac{(y')^2}{2} = 1。$$

作圖如下：

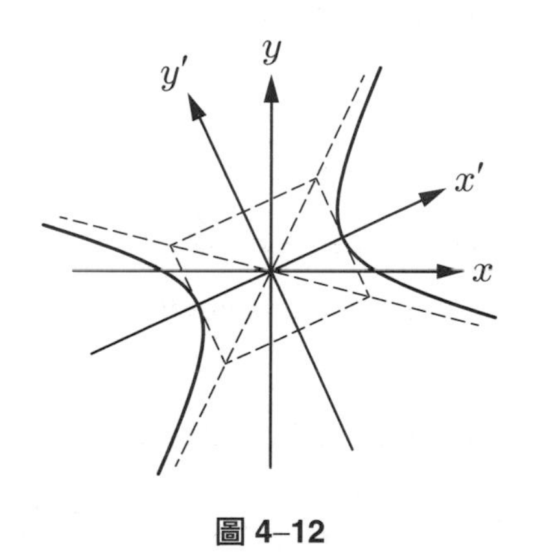

圖 4–12

□

給定一般的二次方程式為

$$Ax^2 + 2Bxy + Cy^2 + 2Dx + 2Ey + F = 0 \tag{1}$$

前小節已探討過 $B = 0$ 的情形，也得到結果：

只要作坐標軸平移後，新方程式即是標準形。

若考慮含交叉項 xy（使得 $B \neq 0$），我們先作坐標軸旋轉，使得新坐標軸與對稱軸至少一條變為平行，方法如下：

若逆時針旋轉角度為 θ，於是得到旋轉方程式為

$$x = x'\cos\theta - y'\sin\theta,\ y = x'\sin\theta + y'\cos\theta$$

代入原方程式得到新的二次方程式

$$A'(x')^2 + 2B'x'y' + C'(y')^2 + 2D'x' + 2E'y' + F' = 0 \tag{13}$$

其中

$$\begin{aligned} A' &= A\cos^2\theta + 2B\sin\theta\cos\theta + C\sin^2\theta \\ 2B' &= 2(C-A)\sin\theta\cos\theta + 2B(\cos^2\theta - \sin^2\theta) \\ C' &= A\sin^2\theta - 2B\sin\theta\cos\theta + C\cos^2\theta \\ 2D' &= 2D\cos\theta + 2E\sin\theta \\ 2E' &= -2D\sin\theta + 2E\cos\theta \\ F' &= F \end{aligned} \tag{14}$$

令 $B'=0$，即消除交叉項 xy，就有

$$(C-A)\sin\theta\cos\theta + B(\cos^2\theta - \sin^2\theta) = 0$$

由三角的**二倍角公式**：$\sin 2\theta = 2\sin\theta\cos\theta,\ \cos 2\theta = \cos^2\theta - \sin^2\theta$

可寫為

$$(C-A)\sin 2\theta + 2B\cos 2\theta = 0$$

$$\Leftrightarrow \tan 2\theta = \frac{2B}{A-C} \quad \text{且} \quad \cot 2\theta = \frac{A-C}{2B}$$

因此，**欲消除二次方程式如(1)式中的交叉項 xy，旋轉的角度 θ 必滿足**

$$\tan 2\theta = \frac{2B}{A-C} \quad \text{且} \quad \cot 2\theta = \frac{A-C}{2B}。$$

注意，選取的旋轉角度 θ 是**不唯一**，在計算上為了簡化，所以取的角度範圍為 $0° < \theta < 90°$。作坐標軸旋轉的目的是讓圓錐曲線的至少一條對稱軸與兩坐標軸平行，請看下面二個例子。

給定二次方程式

$$8x^2-4xy+5y^2=36$$

將坐標軸逆時針旋轉角度 θ 後，求在新坐標系之下的方程式並且作圖，同時也顯示出新舊坐標軸。

解 因為 $A=8,\ B=-2,\ C=5$，所以 $\tan 2\theta=\dfrac{2B}{A-C}=\dfrac{-4}{8-5}=-\dfrac{4}{3}.$

推得 $\cos 2\theta=-\dfrac{3}{5}$，代入**半倍角公式:**

$$\sin\theta=\sqrt{\frac{1-\cos 2\theta}{2}},\ \cos\theta=\sqrt{\frac{1+\cos 2\theta}{2}}$$

得到 $\sin\theta=\dfrac{2}{\sqrt{5}},\ \cos\theta=\dfrac{1}{\sqrt{5}}$。

再利用(11)式得到

$$x=\frac{1}{\sqrt{5}}x'-\frac{2}{\sqrt{5}}y'=\frac{x'-2y'}{\sqrt{5}},\ y=\frac{2}{\sqrt{5}}x'+\frac{1}{\sqrt{5}}y'=\frac{2x'+y'}{\sqrt{5}}$$

代入原方程式，整理化簡得到新的方程式為

$$4x'^2+9y'^2=36 \quad 或 \quad \frac{x'^2}{9}+\frac{y'^2}{4}=1。$$

作圖如下:

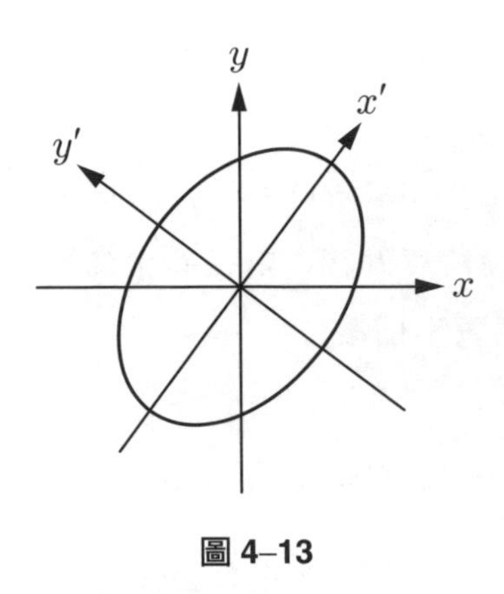

圖 4–13

□

例 12

給定二次方程式

$$4x^2-12xy+9y^2-52x+26y+81=0$$

先作坐標軸旋轉再作坐標軸平移，求在新坐標系之下的方程式所代表的圖形，並且作圖，同時也顯示出新舊坐標軸。

解 考慮先作坐標軸的旋轉，因為 $A=4,\ B=-6,\ C=9$，所以

$$\tan 2\theta=\frac{2B}{A-C}=\frac{-12}{4-9}=\frac{12}{5}$$

推得 $\cos 2\theta=\dfrac{5}{13}$

再由三角的**半倍角公式**得到 $\sin\theta=\dfrac{2}{\sqrt{13}},\ \cos\theta=\dfrac{3}{\sqrt{13}}$

就有旋轉方程式為 $x=\dfrac{1}{\sqrt{13}}(3x'-2y'),\ y=\dfrac{1}{\sqrt{13}}(2x'+3y')$

代入方程式整理化簡得到新的方程式為

$$13y'^2-8\sqrt{13}x'+14\sqrt{13}y'+81=0。$$

這是一拋物線，參見圖 4–14，利用配方簡化成標準式，於是

$$13(y'+\frac{7}{\sqrt{13}})^2=8\sqrt{13}(x'-\frac{4}{\sqrt{13}})$$

利用坐標軸平移，令 $x''=x'-\frac{4}{\sqrt{13}},\ y''=y'+\frac{7}{\sqrt{13}}$

因此

$$y''^2=\frac{8}{\sqrt{13}}x''。$$

作圖如下：

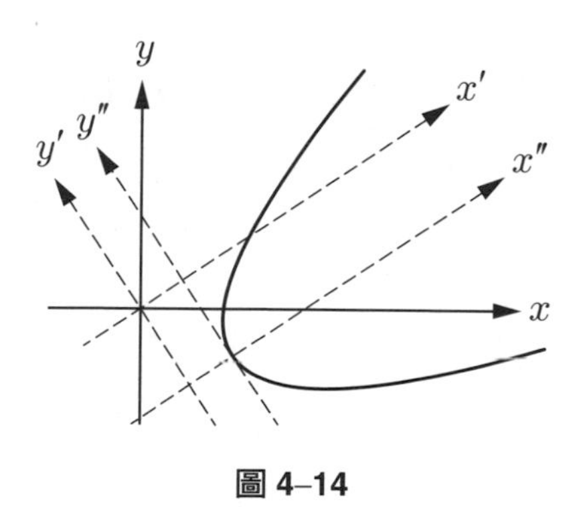

圖 4–14

□

【問題 3】 給定二次方程式：

(i) $5x^2-6xy+5y^2=32$

(ii) $\sqrt{3}xy+y^2=12$，將坐標軸逆時針旋轉角度 θ 後，求在新坐標系之下的方程式並且作圖，同時也顯示出新舊坐標軸。

丁、圓錐曲線的判別式

對於任何一圓錐曲線都是屬於二次方程式如(1)式。

當 $D=E=0$ 時，則(1)式變為

$$Ax^2+2Bxy+Cy^2+F=0 \tag{15}$$

(1)式以及(15)式可用矩陣方程式表示，分別為

$$\begin{bmatrix} x & y & 1 \end{bmatrix}\begin{bmatrix} A & B & D \\ B & C & E \\ D & E & F \end{bmatrix}\begin{bmatrix} x \\ y \\ 1 \end{bmatrix}=0,\ \begin{bmatrix} x & y \end{bmatrix}\begin{bmatrix} A & B \\ B & C \end{bmatrix}\begin{bmatrix} x \\ y \end{bmatrix}+F=0$$

我們欲求二次方程式，即求係數 A, B, C, D, E, F，可由兩個矩陣

$$M=\begin{bmatrix} A & B & D \\ B & C & E \\ D & E & F \end{bmatrix} \quad 以及 \quad N=\begin{bmatrix} A & B \\ B & C \end{bmatrix}$$

來決定，也決定了何種圓錐曲線，因此，矩陣 M, N 叫做**圓錐曲線矩陣**。特別是當 $\det(M)=0$ 時，是圓錐曲線的退化情形，包含兩相交直線、兩平行直線、一直線、一點以及沒有圖形。

例如：(i) 當 $M=\begin{bmatrix} 1 & 2 & 0 \\ 0 & 1 & 0 \\ 0 & 0 & 0 \end{bmatrix}$ 時，$\det(M)=0$，二次方程式為

$\begin{bmatrix} x & y & 1 \end{bmatrix}\begin{bmatrix} 1 & 2 & 0 \\ 0 & 1 & 0 \\ 0 & 0 & 0 \end{bmatrix}\begin{bmatrix} x \\ y \\ 1 \end{bmatrix}=0$，即 $x+y=0$，則其圖形為一直線。

(ii) 當 $M=\begin{bmatrix}1&0&0\\0&-1&0\\0&0&0\end{bmatrix}$ 時，$\det(M)=0$，二次方程式為

$$\begin{bmatrix}x&y&1\end{bmatrix}\begin{bmatrix}1&0&0\\0&-1&0\\0&0&0\end{bmatrix}\begin{bmatrix}x\\y\\1\end{bmatrix}=0\text{，即 } x\pm y=0\text{。}$$

則其圖形為兩相交直線 $x+y=0$ 與 $x-y=0$。

注意，矩陣 M, N 為實對稱矩陣，因此可將它們正交對角化，同時可由矩陣 M, N 的固有值與固有向量概念來判定圓錐曲線的圖形，這概念是精采但這裡並不論述，這是線性代數的內容。

我們更感興趣的是 $\det(M)$, $\det(N)$ 的性質，同時用它們來判定圓錐曲線是何種圖形，這部分將在下一小節詳述。為了方便描述 $\det(M)$, $\det(N)$ 的性質，特別令它們為

$$\Delta=\det(M)=\begin{vmatrix}A&B&D\\B&C&E\\D&E&F\end{vmatrix}\quad\text{以及}\quad\delta=B^2-AC$$

我們將 Δ 與 δ 分別叫做圓錐曲線的**大判別式**與**小判別式**。

戊、不變量性質

二次方程式如(1)式，考慮坐標軸平移後得到新的方程式為

$$A'(x')^2+2B'x'y'+C'(y')^2+2D'x'+2E'y'+F'=0$$

同時我們知道作坐標軸平移的目的是消除一次項 x 與 y，但二次項係數保持不變，即 $A=A'$, $B=B'$, $C=C'$。

因此

$$A+C=A'+C',$$
$$\delta=B^2-AC=(B')^2-A'C',$$
$$B^2+(A-C)^2=(B')^2+(A'-C')^2$$

是顯然成立，我們叫它們為坐標軸的平移的**不變量** (invariant)。另外，$\Delta=\Delta'$ 也是不變量的，這證明留給讀者自行證明。

定理 4.2

（坐標軸平移不變量性質）

若二次方程式 $Ax^2+2Bxy+Cy^2+2Dx+2Ey+F=0$ 作坐標軸的平移後，得到新的方程式

$$A'(x')^2+2B'x'y'+C'(y')^2+2D'x'+2E'y'+F'=0$$

則必滿足下列性質：

(i) 二次項係數均不變：$A'=A, B'=B, C'=C$ 以及 $A'+C'=A+C$。

(ii) 小判別式均不變：$\delta'=(B')^2-A'C'=\delta=B^2-AC$。

(iii) 大判別式均不變：$\Delta=\begin{vmatrix} A & B & D \\ B & C & E \\ D & E & F \end{vmatrix}=\begin{vmatrix} A' & B' & D' \\ B' & C' & E' \\ D' & E' & F' \end{vmatrix}$。

【問題 4】 證明坐標軸的平移中大判別式的不變量 $\Delta=\Delta'$。

坐標軸的平移有不變量性質，那麼換成坐標軸的旋轉呢？美妙地，結果與平移的不變量性質是幾乎相同的。

定理 4.3

（坐標軸旋轉不變量性質）

若二次方程式 $Ax^2+2Bxy+Cy^2+2Dx+2Ey+F=0$，坐標軸經過逆時針旋轉角度 θ 後，得到新的方程式

$$A'(x')^2+2B'x'y'+C'(y')^2+2D'x'+2E'y'+F'=0$$

則必滿足下列性質：

(i) $A'+C'=A+C$、$(B')^2+(A'-C')^2=B^2+(A-C)^2$ 以及 $F'=F$。

(ii) 小判別式也不變：$\delta'=(B')^2-A'C'=\delta=B^2-AC$。

(iii) 大判別式不變：$\Delta=\begin{vmatrix} A & B & D \\ B & C & E \\ D & E & F \end{vmatrix}=\begin{vmatrix} A' & B' & D' \\ B' & C' & E' \\ D' & E' & F' \end{vmatrix}$。

證　明　若逆時針旋轉角度 θ 後，得到旋轉方程式為

$$x=x'\cos\theta-y'\sin\theta,\ y=x'\sin\theta+y'\cos\theta$$

代入原方程式得到新的方程式

$$A'(x')^2+2B'x'y'+C'(y')^2+2D'x'+2E'y'+F'=0$$

其中

$$A'=A\cos^2\theta+B\sin\theta\cos\theta+C\sin^2\theta$$

$$B'=2(C-A)\sin\theta\cos\theta+B(\cos^2\theta-\sin^2\theta)$$

$$C'=A\sin^2\theta-B\sin\theta\cos\theta+C\cos^2\theta$$

$$D'=D\cos\theta+E\sin\theta$$

$$E'=-D\sin\theta+E\cos\theta$$

$$F'=F$$

整理化簡得到

$$A'+C'=A(\cos^2\theta+\sin^2\theta)+C(\sin^2\theta+\cos^2\theta)$$
$$=A+C$$

又因為

$$(B')^2+(A'-C')^2$$
$$=[(C-A)\sin 2\theta+B\cos 2\theta]^2+[(A-C)\cos 2\theta+B\sin 2\theta]^2$$
$$=B^2+(A-C)^2$$

於是

$$(B')^2-4A'C'=(B')^2+(A'-C')^2-(A'+C')^2$$
$$=B^2+(A-C)^2-(A+C)^2$$
$$=B^2-4AC$$

因此

$$A'+C'=A+C,$$
$$(B')^2+(A'-C')^2=B^2+(A-C)^2,$$
$F'=F$ 與 $\delta'=\delta$。

另外，$\Delta=\Delta'$ 也是不變量，這證明留給讀者自行證明。 ■

【問題 5】 證明坐標軸的旋轉中大判別式的不變量 $\Delta=\Delta'$。

【問題 6】 證明坐標軸的旋轉中的不變量 $D^2+E^2=(D')^2+(E')^2$。

綜合之，坐標軸的旋轉目的是消除交叉項 xy，即是 $B'=0$，新的方程式為

$$A'(x')^2+C'(y')^2+2D'x'+2E'y'+F'=0$$

這時要判定所代表圖形，只要採用**定理 4.1**。簡言之，就是判定 A', C' 的值。又因為旋轉不變量 $A'+C'=A+C$ 與 $(B')^2-A'C'=B^2-AC$

當適當的旋轉 θ 後，得到

$$B^2-AC=(B')^2-A'C'=0^2-A'C'=-A'C'$$

因此 $A'C'$ 的值就用 $\delta=B^2-AC$ 來取代，如當 $A'C'>0$ 時，$B^2-AC<0$。

於是我們就有

定理 4.4

給定二次方程式

$$Ax^2+2Bxy+Cy^2+2Dx+2Ey+F=0 \quad (B\neq 0)$$

(i) 若 $\delta=B^2-AC<0$，則其圖形為一圓（或是其退化情形：一點以及沒有圖形），以及一橢圓（或是其退化情形：一點以及沒有圖形）。

(ii) 若 $\delta=B^2-AC>0$，則其圖形為一雙曲線（或是其退化情形：兩相交直線）。

(iii) 若 $\delta=B^2-AC=0$，則其圖形為一拋物線（或是其退化情形：兩平行直線、一直線以及沒有圖形）。

例 13

根據小判別式來判定下列二次方程式所代表的圖形。

(i) $3x^2-6xy+3y^2+2x-7=0$

(ii) $8x^2-4xy+5y^2=36$

(iii) $x^2+4xy-2y^2-6=0$

解 (i) 因為 $\delta = B^2 - AC = (-3)^2 - 3\cdot 3 = 0$，所以方程式為一拋物線。

(ii) 因為 $\delta = B^2 - AC = (2)^2 - 8\cdot 5 = -36 < 0$，所以方程式為一橢圓。

(iii) 因為 $\delta = B^2 - AC = (2)^2 - 1\cdot(-2) = 6 > 0$，所以方程式為一雙曲線。 □

例 13 中我們是用**小判別式**來判定圖形，但在某些情形下總會遇上退化的圖形。事實上，我們僅要透過 $A' + C' = A + C$ 與 $\delta = (B')^2 - A'C' = B^2 - AC$ 求解得到 A' 與 C'，就可判定是否是非退化的圖形，見**例 14**。

特別地，**例 13** 中(i)可由如上述兩個不變量求出 A' 與 C'，必定是 $A' = 0$ 或 $C' = 0$，但需要做化簡才能判定是何種退化的圖形，這下一節會論述。

例 14

給定二次方程式

$$8x^2 - 4xy + 5y^2 = 36$$

將坐標軸逆時針旋轉角度 θ 後，求在新坐標系之下的方程式。

解 因為 $A = 8,\ B = -2,\ C = 5$，所以

$$\delta = 0^2 - A'C' = B^2 - AC = -36 < 0$$

為一橢圓。並且

$$A' + C' = A + C = 13$$

得到

$$A'C'=36,\ A'+C'=13$$

解聯立方程式得到

$$A'=9,\ C'=4 \quad 或者 \quad A'=4,\ C'=9$$

因此，在新坐標系之下的方程式為

$$9x'^2+4y'^2=36 \quad 或者 \quad 4x'^2+9y'^2=36。$$ □

【問題 7】 根據小判別式來判定各二次方程式所代表的圖形。

(i) $7x^2+4xy+4y^2+18x+12y+14=0$

(ii) $x^2+6xy+y^2+10x-2y+1=0$

(iii) $3xy-4y^2+x-2y+1=0$

例 15

給定二次方程式 $Ax^2+2Bxy+Cy^2=1$，若 $\delta=B^2-AC<0$，則方程式代表一橢圓，且橢圓面積為 $\dfrac{\pi}{\sqrt{AC-B^2}}$。

證明 考慮坐標軸旋轉後，則得到新的方程式為

$$A'x'^2+C'x'^2=1 \tag{16}$$

因為坐標軸旋轉的不變量性質，所以

$$\delta=B^2-AC=-A'C'<0\Rightarrow A'C'>0$$

得到 A', C' 是同號，等號右邊常數為 1。

因此，方程式代表一橢圓且 $A'C'=AC-B^2$。

在 $x'y'$ 坐標系中，由(16)式可得到橢圓的面積為

$$\frac{\pi}{\sqrt{A'C'}}=\frac{\pi}{\sqrt{AC-B^2}}$$

但由於作坐標軸旋轉前後橢圓面積是不變的，

因此，在 xy 坐標系中橢圓的面積為

$$\frac{\pi}{\sqrt{AC-B^2}}。$$

■

只要適當作坐標軸的平移或旋轉，可使二次方程式變為標準形，不禁要問作坐標軸的平移與旋轉先後有影響嗎？結果是有影響的，例如：二次方程式 $4x^2+4xy+y^2-2x+y+4=0$，當先作坐標軸的平移就不能消除一次項，因此，要先作坐標軸的旋轉，這些精采的論述馬上揭曉，請繼續閱讀。

4.3 二次方程式的標準化

給定二次方程式如(1)式，現在來探討其標準化的步驟，分成兩種情形來討論，以達到其標準形。

(i) 若 $B=0$，則圖形的對稱軸平行於坐標軸，只需作坐標軸平移就可變成標準形。

(ii) 若 $B\neq 0$，則圖形的對稱軸不平行於坐標軸，需透過坐標軸旋轉使圖形的對稱軸平行於坐標軸，消去 xy 項，再回到(i)。

接下來，我們感興趣於如何適當取「坐標軸平移」、「坐標軸旋轉」的先後，更簡捷地達到其標準形。

甲、有心圓錐曲線

任意圓錐曲線方程式都屬於二次方程式，針對圓錐曲線方程式用 $-x$ 代入 x 與 $-y$ 代入 y，其方程式仍不變，這代表圖形是有一個對稱中心，我們就叫做**有心圓錐曲線**，如圓、橢圓與雙曲線。若無對稱中心的圖形，則叫做**無心圓錐曲線**，如拋物線。

當考慮有心圓錐曲線時，(1)式中用 $-x$ 代入 x 與 $-y$ 代入 y，方程式就變為

$$Ax^2+2Bxy+Cy^2-2Dx-2Ey+F=0$$

由於方程式要保持不變，所以一次項係數 D 與 E 皆為零，這與坐標軸平移的目的相同，因此，馬上下一個定論，有心圓錐曲線可先作坐標軸平移。

給定有心圓錐曲線對稱中心為 (h, k)，若把坐標原點移到 (h, k)，就得到新方程式為

$$A(x')^2+2Bx'y'+C(y')^2+F'=0。\tag{17}$$

現在將 $x=x'+h$ 且 $y=y'+k$ 代入(1)式，將一次項消除，比較一次項 x, y 係數得到

$$\begin{cases} Ah+Bk+D=0 \\ Bh+Ck+E=0 \end{cases}$$

求得唯一解 (h, k)，即對稱中心 (h, k) 為 $(\dfrac{CD-BE}{B^2-AC}, \dfrac{AE-BD}{B^2-AC})$。

因此，當 $B^2-AC\neq 0$（即是**小判別式** $\delta\neq 0$）時，二次方程式就可由坐標軸平移消去一次項。此時，常數項為

$$\begin{aligned} F' &= h^2A+hkB+k^2C+hD+kE+F \\ &= h(Ah+Bk)+k(Bh+Ck)+2Dh+2Ek+F \end{aligned}$$

$$= h(-D) + k(-E) + 2Dh + 2Ek + F$$
$$= Dh + Ek + F$$
$$= \frac{1}{B^2 - AC}[D(CD - BE) + E(AE - BD) + F(B^2 - AC)]$$
$$= -\frac{1}{B^2 - AC} \cdot \begin{vmatrix} A & B & D \\ B & C & E \\ D & E & F \end{vmatrix}$$

太美妙了，**小判別式** $\delta = B^2 - AC$ 以及**大判別式** $\Delta = \begin{vmatrix} A & B & D \\ B & C & E \\ D & E & F \end{vmatrix}$ 皆出現了。

⒄式就可寫為

$$A(x')^2 + 2Bx'y' + C(y')^2 = \frac{\Delta}{\delta}。 \tag{18}$$

於是我們就有

定理 4.5

（坐標軸平移後之簡化方程式）

假設二次方程式

$$Ax^2 + 2Bxy + Cy^2 + 2Dx + 2Ey + F = 0$$

若 $\delta = B^2 - AC \neq 0$，則透過坐標軸平移後，得到新的方程式為

$$A(x')^2 + 2Bx'y' + C(y')^2 = \frac{\Delta}{\delta}$$

其中 $\Delta = \begin{vmatrix} A & B & D \\ B & C & E \\ D & E & F \end{vmatrix}$，我們將⒅式叫做**平移的簡化方程式。**

由**定理 4.5** 中對有心圓錐曲線提供很好判定圖形的方法，是先作坐標軸平移，得到平移的簡化方程式如(18)式後，此時若 $B \neq 0$，再作坐標軸旋轉，就可得到其標準形，底下用例子說明。

16

給定二次方程式

$$x^2 + xy + y^2 - 3x - 1 = 0$$

先作坐標軸平移再作坐標軸旋轉，求在新坐標系之下的方程式所代表的圖形，並且作圖，同時也顯示出新舊坐標軸。

解　因為 $A = 1,\ B = \dfrac{1}{2},\ C = 1$，所以

$$\delta = B^2 - AC = -\frac{3}{4} < 0$$

且

$$\Delta = \begin{vmatrix} A & B & D \\ B & C & E \\ D & E & F \end{vmatrix} = \begin{vmatrix} 1 & \frac{1}{2} & -\frac{3}{2} \\ \frac{1}{2} & 1 & 0 \\ -\frac{3}{2} & 0 & -1 \end{vmatrix} = -3$$

而坐標軸平移後新原點 $O'(h, k)$ 滿足

$$\begin{cases} 2h + k - 3 = 0 \\ h + 2k = 0 \end{cases}$$

解聯立方程式得到 $h = 2,\ k = -1$，由**定理 4.5** 得到簡化的方程式為

$$x'^2 + x'y' + y'^2 - 4 = 0 \tag{19}$$

再作坐標軸旋轉後，$\cot 2\theta = \dfrac{A - C}{2B} = \dfrac{1-1}{1} = 0$，得到

$$2\theta = 90° \Rightarrow \theta = 45°$$

由於旋轉方程式為

$$x'=\frac{1}{\sqrt{2}}(x''-y''),\ y'=\frac{1}{\sqrt{2}}(x''+y'')$$

代入⒆式得到

$$3x''^2+y''^2=8 \quad \text{或者} \quad \text{標準式：}\ \frac{x''^2}{\frac{8}{3}}+\frac{y''^2}{8}=1$$

這是一橢圓，參見圖 4–15。

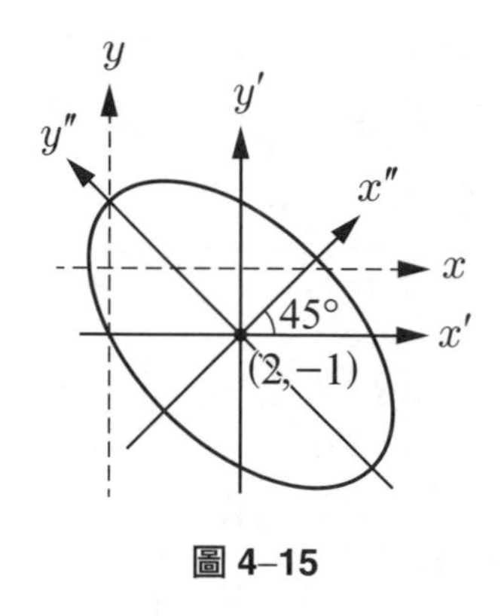

圖 4–15 □

事實上，**例 16** 中也可以考慮先作坐標軸旋轉再作坐標軸平移，同樣可達到二次方程式的標準形，你不妨試一試，會發現先作坐標軸平移再作坐標軸旋轉較為簡捷。

【問題 8】 給定二次方程式 $2x^2-4xy-y^2+20x-2y+17=0$，利用坐標軸變換，求在新坐標系之下的方程式所代表的圖形，並且作圖，同時也顯示出新舊坐標軸。

綜合之，給定有心圓錐曲線的二次方程式

$$Ax^2+2Bxy+Cy^2+2Dx+2Ey+F=0$$

我們先作坐標軸的平移後，得到簡化方程式為

$$A(x')^2+2Bx'y'+C(y')^2=\frac{\Delta}{\delta}$$

再作坐標軸的旋轉得到新方程式為

$$A''(x'')^2+C''(y'')^2=\frac{\Delta}{\delta} \tag{20}$$

再配合**定理 4.4**，更完備的直接判定退化或非退化圖形，區別就在於 $\Delta\neq 0$ 與 $\Delta=0$。

於是我們就有

定理 4.6

給定有心圓錐曲線方程式

$$Ax^2+2Bxy+Cy^2+2Dx+2Ey+F=0$$

(i) 當 $\delta=B^2-AC<0$ 時，

若 $A\Delta<0$ 且 $A=C$ 時，則其圖形為一圓。

若 $A\Delta<0$ 且 $A\neq C$ 時，則其圖形為一橢圓。

若 $A\Delta>0$ 時，則其圖形為沒有圖形。

若 $\Delta=0$ 時，則其圖形為一點。

(ii) 當 $\delta=B^2-AC>0$ 時，

若 $\Delta\neq 0$ 時，則其圖形為一雙曲線。

若 $\Delta=0$ 時，則其圖形為兩相交直線。

至於當 $\delta = B^2 - AC = 0$ 的情形，是屬於拋物線（以及其退化情形），它是無心圓錐曲線，在下一小節會有更詳細的論述。

由**定理 4.5** 中提供大判別式 Δ 與小判別式 δ，更簡捷快速地判定其圖形，請看下面例子。

例 17

判定下列二次方程式的圖形。

(i) $12x^2 + 24xy + 19y^2 - 12x - 40y + 31 = 0$

(ii) $4x^2 - 8xy - 2y^2 + 20x - 4y + 15 = 0$

解 (i) 因為

$$\delta = B^2 - AC = 12^2 - 12 \cdot 19 < 0,$$

$$\Delta = \begin{vmatrix} A & B & D \\ B & C & E \\ D & E & F \end{vmatrix} = \begin{vmatrix} 12 & 12 & -6 \\ 12 & 19 & -20 \\ -6 & -20 & 31 \end{vmatrix} = 0$$

因此，由**定理 4.6** 得到二次方程式所代表圖形為一點。

(ii) 因為

$$\delta = B^2 - AC = (-4)^2 - 4 \cdot (-2) > 0,$$

$$\Delta = \begin{vmatrix} A & B & D \\ B & C & E \\ D & E & F \end{vmatrix} = \begin{vmatrix} 4 & -4 & 10 \\ -4 & -2 & -2 \\ 10 & -2 & 15 \end{vmatrix} = -16 \neq 0$$

因此，由**定理 4.6** 得到二次方程式所代表圖形為一雙曲線。

□

【問題 9】 判定下列二次方程式的圖形。

(i) $x^2-xy+y^2-x-y+3=0$

(ii) $4x^2-8xy-2y^2+20x-4y+15=0$

乙、無心圓錐曲線

給定無心圓錐曲線方程式為

$$Ax^2+2Bxy+Cy^2+2Dx+2Ey+F=0 \quad (\delta=B^2-AC=0)$$

如拋物線，由於無法找到新坐標的原點，所以只好先作坐標軸旋轉再作坐標軸平移，以達到二次方程式的標準形，作法如**例 12**。

【問題 10】 給定二次方程式

$$x^2+2xy+y^2+2x-2y+4=0$$

先作坐標軸的旋轉再作坐標軸的平移，求在新坐標系之下的方程式所代表的圖形，並且作圖，同時也顯示出新舊坐標軸。

綜合之，給定無心圓錐曲線方程式，要達到二次方程式的標準形，先作坐標軸旋轉（消去交叉項 xy），得到新的方程式為

$$A'(x')^2+C'(y')^2+2D'x'+2E'y'+F=0$$

由於不變量性質：$\delta=(B')^2-A'C'=B^2-AC$，所以 $\delta=0^2-A'C'=0$。再配合**定理 4.4**，也如同有心圓錐曲線是由 $\Delta\neq0$ 與 $\Delta=0$ 來判定退化或非退化圖形。

於是我們就有

定理 4.7

給定無心圓錐曲線方程式

$$Ax^2+2Bxy+Cy^2+2Dx+2Ey+F=0$$

當 $\delta=B^2-AC=0$ 時，

(i) 若 $\Delta\neq 0$ 時，則其圖形為一拋物線。

(ii) 若 $\Delta=0$ 時，則其圖形為兩平行直線、一直線以及沒有圖形。

例 18

判定二次方程式 $x^2+4xy+4y^2+2x+4y+1=0$ 的圖形。

解 因為

$$\delta=B^2-AC=0 \quad 並且 \quad \Delta=\begin{vmatrix}1&2&1\\2&1&2\\1&2&1\end{vmatrix}=0$$

所以由**定理 4.7** 得到可能圖形為兩平行直線、一直線或沒有圖形。

我們常用雙十字交乘將二次方程式化簡為 $(x+2y+1)^2=0$

得到 $x+2y+1=0$，因此，其圖形為一直線（兩重合直線）$x+2y+1=0$。 □

【問題 11】判定二次方程式 $x^2+2xy+y^2-x+2y+1=0$ 的圖形。

(i) $x^2+2xy+y^2-x+2y+1=0$

(ii) $x^2+4xy+4y^2+x+2y-2=0$

4.4　二次曲線的切線與法線

有了坐標，就有了變數，因而運動學就自然引進。牛頓觀察蘋果自然落下，發現越落越快的現象，有了很大啟發，竟然用數學工具來刻畫這個事實。描述著物體運動軌跡上任一點的運動方向，即是切線方向，由此引出求切線與法線問題，帶出微積分首要的開端，在數學以及科學應用上有巨大的重要性，如光學性質的創見。切線問題事實上是純幾何問題，這小節談如何求圓錐曲線的切線與法線的方程式，特別用純幾何觀點探源它的意義。

甲、割線與切線性質

從圓來觀察割線與切線是很容易的，一直線與圓相交於兩點我們叫做此圓的**割線**，參見圖 4–16 中直線 AB。而與圓僅相交於一點我們叫做此圓的**切線**，見圖 4–16 中直線 L。

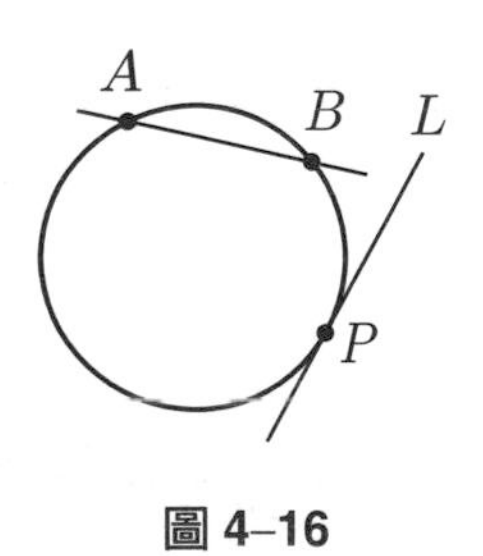

圖 4–16

那麼直線 L 與任意曲線交於一點就是曲線的切線嗎?
這答案是不正確的。當考慮與拋物線軸平行的直線以及與雙曲線之漸近線平行的直線，此直線 L 與其僅交於一點，但並不是切線，參見圖 4–17，因此，與圓錐曲線僅交於一點的直線並不一定是切線，那麼切線應如何定義呢?

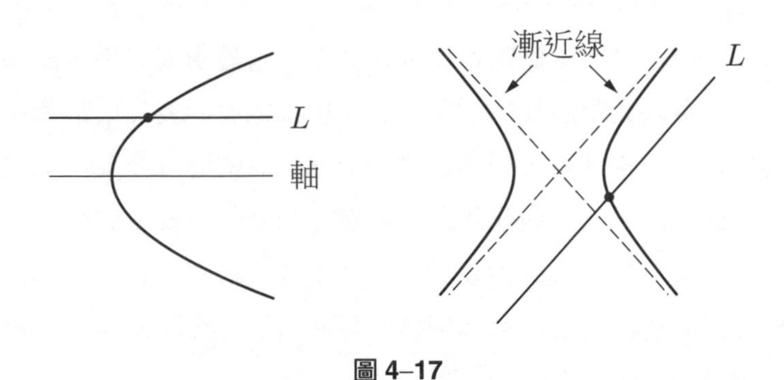

圖 4–17

定義 4–1

設直線 L 與圓錐曲線 Γ 交於 P, Q 兩相異點 (此時直線 L 叫做**割線**)，固定 P 點，當 Q 點在圓錐曲線 Γ 上移動逼近 P 點時，割線 L 繞 P 點旋轉，當 Q 點一旦與 P 點重合，直線 L 就不再是割線，此時我們稱直線 L 為圓錐曲線 Γ 的**切線** (tangent line)，P 為切點，參見圖 4–18。另外過切點 P 與切線垂直的直線我們叫做圓錐曲線 Γ 在 P 點的**法線** (normal line)。

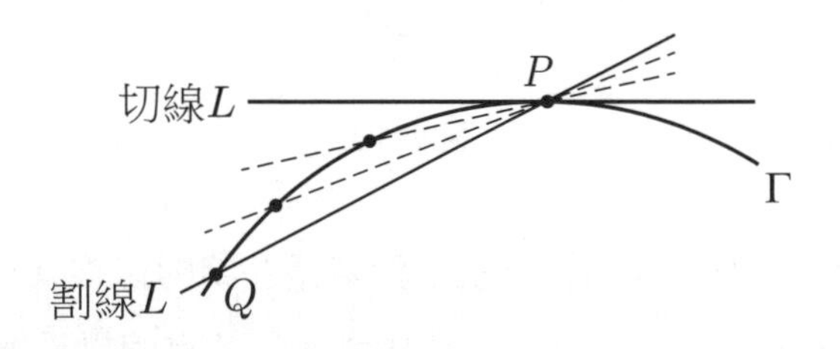

圖 4–18

為了更清楚切線的概念，現在用幾何性質來作圖，確定拋物線、橢圓與雙曲線的切線的位置。

定理 4.8

(i) 給定一焦點 F 且準線 L 的拋物線，若 P 為拋物線上任一點並且過 P 作垂直線交準線 L 於 A 點，參見圖 4–19，則 $\overline{AF}$ 的中垂線就是過 P 的切線。

(ii) 給定兩焦點 F_1, F_2 的橢圓，若 P 為橢圓上任一點，延長 $\overline{F_2P}$ 至 A 點，使 $\overline{AF_1}$ 的中垂線必過 P 點，參見圖 4–20，則 $\overline{AF_1}$ 的中垂線就是過 P 的切線。

(iii) 給定兩焦點 F_1, F_2 的雙曲線，若 P 為雙曲線上任一點，在 $\overline{F_2P}$ 上取一點 A 點，使 $\overline{AF_1}$ 的中垂線必過 P 點，參見圖 4–21，則 $\overline{AF_1}$ 的中垂線就是過 P 的切線。

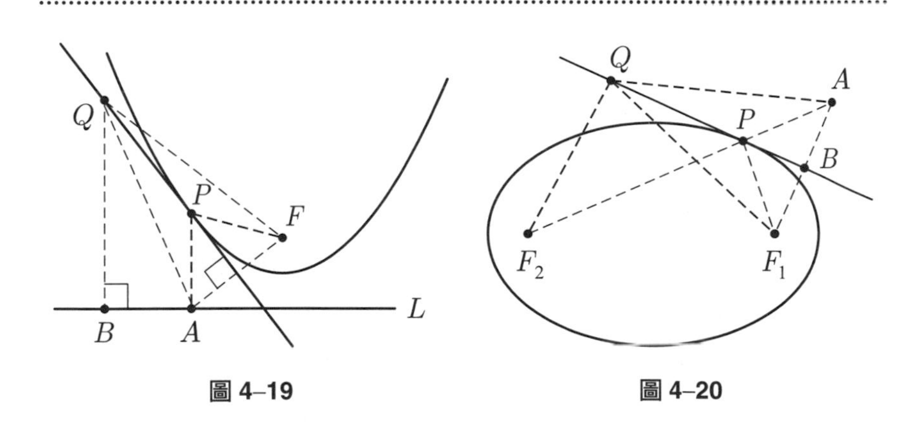

圖 4–19　　圖 4–20

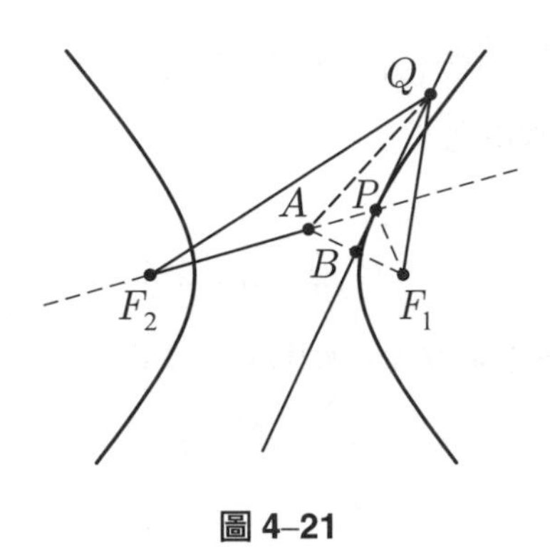

圖 4–21

證　明 (i) 設 Q 點為 $\overline{AF}$ 的中垂線上異於 P 的一點，則有

$$\overline{QA} = \overline{QF} > \overline{QB}$$

所以

$$\overline{QF} > d(Q, L)$$

得到 Q 點必在拋物線外，因此，$\overline{AF}$ 的中垂線就是過 P 的切線。

(ii) 設 Q 點為 $\overline{AF_1}$ 的中垂線上異於 P 的一點，則有

$$\overline{QF_1} + \overline{QF_2} = \overline{QA} + \overline{QF_2} > \overline{AF_2}$$

由於 $\overline{AF_2} = \overline{AP} + \overline{PF_2} = \overline{PF_1} + \overline{PF_2}$，我們就有

$$\overline{QF_1} + \overline{QF_2} > \overline{PF_1} + \overline{PF_2}$$

得到 Q 點必在橢圓外部，因此 $\overline{AF_1}$ 的中垂線就是過 P 的切線。

(iii) 設 Q 點為 $\overline{AF_1}$ 的中垂線上異於 P 的一點，則有

$$\overline{QF_2} - \overline{QF_1} = \overline{QF_2} - \overline{QA} < \overline{AF_2}$$

由於 $\overline{AF_2} = \overline{PF_2} - \overline{PA} = \overline{PF_2} - \overline{PF_1}$，我們就有

$$\overline{QF_2} - \overline{QF_1} < \overline{PF_2} - \overline{PF_1}$$

得到 Q 點必在雙曲線外部，因此線段 AF_1 的中垂線就是過 P 的切線。 ■

例 19

圖 4–22 是一對共軛雙曲線，其中兩虛線代表其漸近線且交點為中心 O，試求分別過 O, A, B, C, D 作切線各有幾條?

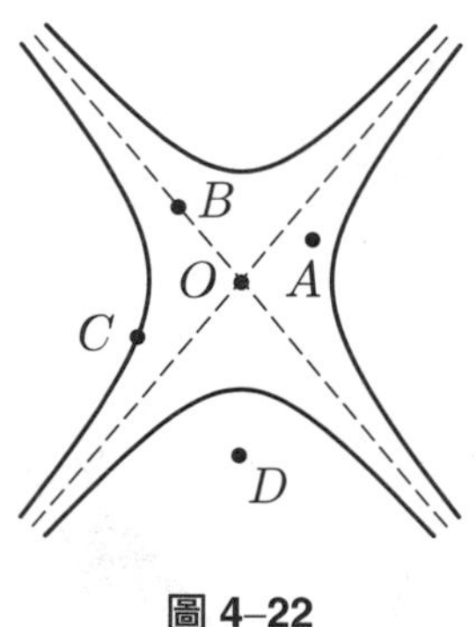

圖 4–22

(i) 因為 O 點為兩雙曲線的中心，所以過 O 點無法作切線。

(ii) A 點在上下雙曲線作 2 條切線，亦可在左右雙曲線作 2 條切線，所以過 A 點共作 4 條切線。

(iii) B 點僅在左葉以及上葉雙曲線各作 1 條切線，所以過 B 點共作 2 條切線。

(iv) C 點僅在左葉以及上下葉雙曲線各作 1 條切線，所以過 C 點共作 3 條切線。

(v) D 點僅在左右葉雙曲線各作 1 條切線，所以過 D 點共作 2 條切線。 □

綜合之，非退化的圓錐曲線切線性質有

(i) 過圓或橢圓上任意一點都有唯一一條切線，恰有一交點的直線都是圓或橢圓的切線。

(ii) 圓錐曲線的切線與曲線恰有一交點，反之，與曲線恰有一交點的直線不一定是切線，如平行拋物線的對稱軸的直線以及平行雙曲線的漸近線的直線皆不是曲線的切線。

值得一提的，雙曲線有兩個割線性質，若任意雙曲線上的割線 L 並且與兩漸近線交於 A, B, C, D 點，參見圖 4–23，則

(i) $AB=CD$；(ii) $\triangle OAB=\triangle OCD$。

你不妨去探索哦！

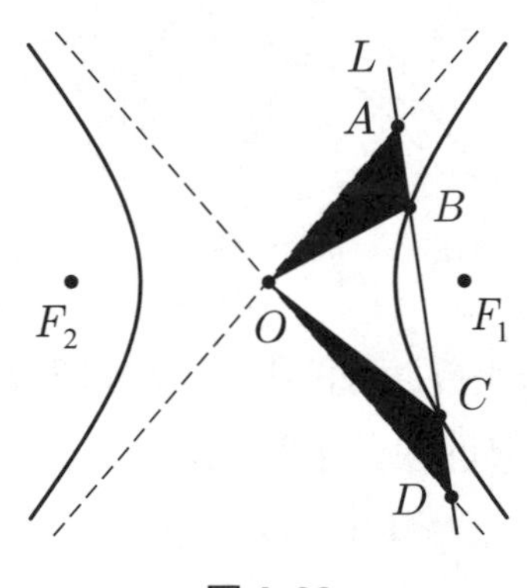

圖 4–23

乙、切線與法線方程式

任意非退化的圓錐曲線，都是二次方程式如(1)式。我們也知道適當作坐標軸旋轉或坐標軸平移都可使它們變成標準形，因此，這裡求切線與法線僅探討標準形的情形。

例 20

若 $P(x_1, y_1)$ 為拋物線 $y^2=4cx$ 上一點，則過 P 的切線方程式為

$$y_1y=2c(x+x_1)。$$

證 明 假設 $Q(x_2, y_2)$ 為拋物線 $y^2=4cx$ 上異於 P 的一點，則直線 PQ 的方程式為

$$y-y_1=\frac{y_2-y_1}{x_2-x_1}(x-x_1)。$$

由於 P, Q 兩點在拋物線上，得到 $y_1^2=4cx_1, y_2^2=4cx_2$，我們就有

$$y_2^2-y_1^2=4c(x_2-x_1)$$

即是

$$\frac{y_2-y_1}{x_2-x_1}=\frac{4c}{y_2+y_1}。$$

當 Q 點趨近於 P 點時，得到切線的斜率為

$$\lim_{y_2\to y_1}\frac{y_2-y_1}{x_2-x_1}=\lim_{y_2\to y_1}\frac{4c}{y_2+y_1}=\frac{2c}{y_1}$$

得到切線方程式為

$$y-y_1=\frac{2c}{y_1}(x-x_1) \tag{21}$$

整理後得到切線方程式為 $y_1y=2c(x+x_1)$。 ■

註 **例 20** 中的法線方程式，因為切線與法線垂直，只要將(21)式改成

$$y-y_1=-\frac{y_1}{2c}(x-x_1)$$

即是 $y_1(x-x_1)+2c(y-y_1)=0$。

例 21

若 $P(x_1, y_1)$ 為橢圓 $\frac{x^2}{a^2}+\frac{y^2}{b^2}=1$ 上一點，則過 P 的切線方程式為

$$\frac{x_1x}{a^2}+\frac{y_1y}{b^2}=1。$$

證明 假設 $Q(x_2, y_2)$ 為橢圓 $\frac{x^2}{a^2}+\frac{y^2}{b^2}=1$ 上異於 P 的一點，則直線 PQ 的方程式為

$$y-y_1=\frac{y_2-y_1}{x_2-x_1}(x-x_1)。$$

由於 P, Q 兩點在橢圓上，得到 $\frac{x_1^2}{a^2}+\frac{y_1^2}{b^2}=1,\ \frac{x_2^2}{a^2}+\frac{y_2^2}{b^2}=1$，我們就有

$$\frac{x_1^2-x_2^2}{a^2}+\frac{y_1^2-y_2^2}{b^2}=0$$

即是

$$\frac{y_2-y_1}{x_2-x_1}=-\frac{b^2}{a^2}\frac{x_2+x_1}{y_2+y_1}。$$

當 Q 點趨近於 P 點時，得到切線的斜率為

$$\lim_{y_2\to y_1}\frac{y_2-y_1}{x_2-x_1}=\lim_{y_2\to y_1}\left(-\frac{b^2}{a^2}\frac{x_2+x_1}{y_2+y_1}\right)=-\frac{b^2x_1}{a^2y_1}$$

得到切線方程式為

$$y-y_1=-\frac{b^2x_1}{a^2y_1}(x-x_1)$$

整理後得到切線方程式為 $\frac{x_1x}{a^2}+\frac{y_1y}{b^2}=1$。 ■

【問題 12】若 $P(x_1, y_1)$ 為雙曲線 $\frac{x^2}{a^2}-\frac{y^2}{b^2}=1$ 上一點，則過 P 的切線方程式為 $\frac{x_1x}{a^2}-\frac{y_1y}{b^2}=1$。

從**例 20**、**例 21** 以及【問題 12】中觀察出欲求過切點 $P(x_0, y_0)$ 的切線方程式，事實上，就是原圓錐曲線方程式中 x^2 用 x_0x 取代、y^2 用 y_0y 取代、x 用 $\frac{x+x_0}{2}$ 取代以及 y 用 $\frac{y+y_0}{2}$ 取代，其餘係數與常數不變，因此

設 $P(x_0, y_0)$ 為圓錐曲線 $ax^2+cy^2+dx+ey+f=0$ 上一點，則過 P 點的切線方程式為

$$ax_0x+cy_0y+d\cdot\frac{x+x_0}{2}+e\cdot\frac{y+y_0}{2}+f=0。$$

已知道求得切點的切線方程式，那麼若給定 P 點不是切點，如何求得切線方程式呢？看下面的例子。

例 22

求過 $P(-2, 2)$ 且與雙曲線 $\Gamma: x^2-2y^2=4$ 相切的直線方程式。

解 將點 P 代入雙曲線 Γ 得到 $(-2)^2-2\cdot 2^2<4$，又漸近線為 $x\pm\sqrt{2}y=0$，所以 P 點不在雙曲線及漸近線上，可見所求切線有兩條，參見圖 4–24。

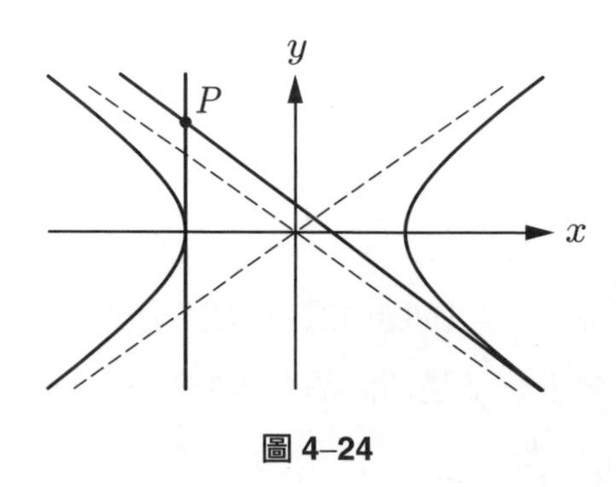

圖 4–24

假設過 P 點的切線之切點為 (x_0, y_0)，則其切線方程式為

$$x_0x - 2y_0y = 4$$

將 P 點代入化簡得到

$$x_0 + 2y_0 + 2 = 0 \tag{22}$$

因為切點 (x_0, y_0) 在雙曲線 Γ 上，所以

$$x_0^2 - 2y_0^2 = 4 \tag{23}$$

將(22)式與(23)式解得切點為 $(-2, 0)$ 或 $(6, -4)$

因此，兩切線方程式為 $x + 2 = 0$ 與 $3x + 4y - 2 = 0$。 □

4.5 Pappus 定理與 Pascal 定理

牛頓在《**數學原理**》(Principia Mathematica) 提出一個結果：

定理 4.9

任意圓錐曲線可由五個點唯一決定。

證　明　對於任何一圓錐曲線都是屬於二次方程式如(1)式，則兩邊除以 A，原方程式改寫為

$$x^2+B'xy+C'y^2+D'x+E'y+F'=0 \tag{24}$$

注意到式子五個係數都是獨立的，所以只要給定五個獨立條件，如給定五點再解聯立方程組必能得到圓錐曲線方程式。

■

例 23

求過五點 $A(1,\ 1)$, $B(2,\ 1)$, $C(3,\ -1)$, $D(-2,\ -1)$, $E(-3,\ 2)$ 的圓錐曲線方程式，並判斷為何種圖形。

解　將五點代入(24)式必滿足聯立方程組

$$\begin{cases} 1+B'+C'+D'+E'+F'=0 \\ 4+2B'+C'+2D'+E'+F'=0 \\ 9-3B'+C'+3D'-E'+F'=0 \\ 4+2B'+C'-2D'-E'+F'=0 \\ 9-6B'+4C'-3D'+2E'+F'=0 \end{cases}$$

可解得 $B'=-1,\ C'=-9,\ D'=-2,\ E'=4,\ F'=7$。

因此，圓錐曲線方程式為 $x^2-xy-9y^2-2x+4y+7=0$。

考慮大小判別式

$$\delta=B^2-AC=(-\frac{1}{2})^2-1\cdot(-9)>0,$$

$$\Delta=\begin{vmatrix} 1 & -1/2 & -1 \\ -1/2 & -9 & 2 \\ -1 & 2 & 7 \end{vmatrix}=-\frac{231}{4}\neq 0$$

由**定理 4.6** 得到一雙曲線，參見圖 4–25。

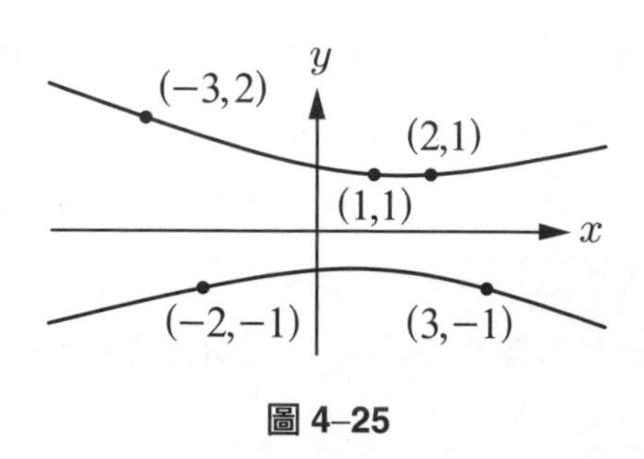

圖 4–25

□

歐氏告訴我們「一直線可由兩點決定並且一圓可由三點決定」，**牛頓**又告訴我們「圓錐曲線可由五個點唯一決定」。聰明的**巴斯卡**（Blaise Pascal，1623～1662 年）在 16 歲那年，發現**巴斯卡神秘六角形定理**（Pascal's mystic hexagon theorem，簡稱 Pascal 定理）與**巴斯卡線** (Pascal line)，這結果連**笛卡兒**都不敢相信是來自如此年輕的少年，當時雖只討論圓的情形，不過已令人感覺異常神秘。

巴斯卡在 17 歲時因為這定理，竟然寫出超過四百個關於圓錐曲線的定理，發表於《**圓錐曲線論**》。他發現**巴斯卡神秘六角形定理**並非憑空而得，而是受古希臘幾何學家**帕普斯**（Pappus，290～350 年）在《**數學匯編**》(Mathematical Collections) 中一個定理「Pappus 定理」的啟發，之後這幾何定理是射影幾何發展的一道曙光。

Pascal 定理與 Pappus 定理皆是談「**共線問題**」。在平面幾何中，還有兩個著名的共線問題，就是**歐拉線定理**以及 **Menelaus 定理**，證明部分留給你自行證明。

定理 4.10

(歐拉線定理)

任意三角形的垂心 H、重心 G 以及外心 O 三點共線(此直線叫做**歐拉線**),並且 $\overline{GH}=2\overline{OG}$,參見圖 4–26。

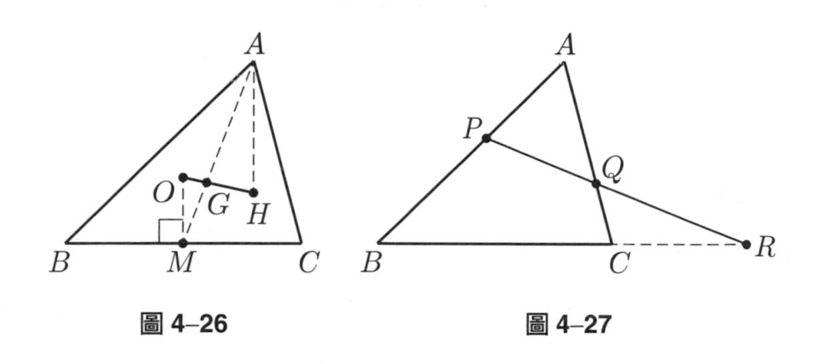

圖 4–26　　圖 4–27

定理 4.11

(Menelaus 定理)

在 $\triangle ABC$ 中,若 P, Q, R 為 $\triangle ABC$ 的三邊 $\overline{AB}, \overline{AC}, \overline{BC}$ 或其延長線上的點,參見圖 4–27,則 P, Q, R 共線的充要條件為

$$\frac{\overline{AP}}{\overline{PB}}\cdot\frac{\overline{BR}}{\overline{RC}}\cdot\frac{\overline{CQ}}{\overline{QA}}=1。$$

注意,其中必要條件常被用來判斷是否三點共線。

【問題 13】三刀切下三角形餅乾的 $\frac{1}{7}$,參見圖 4–28 中,即證明 $\triangle ABC$ 的三邊幾等分後,得到 $\triangle DEF$ 的面積等於 $\triangle ABC$ 的 $\frac{1}{7}$。

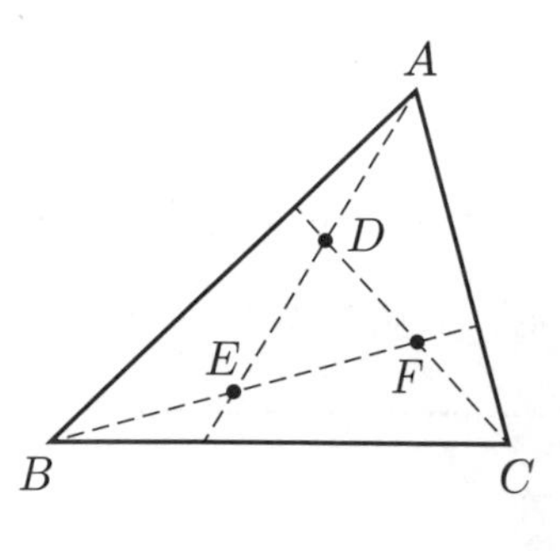

圖 4–28

定理 4.12

（Pappus 定理）

假設 A, B, C 為一直線上三點，D, E, F 為另一直線上三點，若 $\overline{AE}$, $\overline{AF}$, $\overline{BF}$ 分別與 $\overline{BD}$, $\overline{CD}$, $\overline{CE}$ 交於 P, Q, R 三點，則 P, Q, R 三點共線，參見圖 4–29。

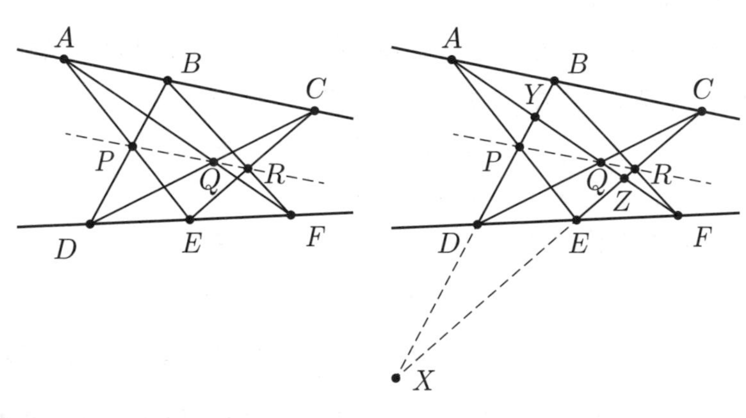

圖 4–29　　圖 4–30

證明 延長 $\overline{BD}$ 與 $\overline{CE}$ 交於 X 點，且 $\overline{BX}$ 與 $\overline{CX}$ 分別與 $\overline{AF}$ 交於 Y, Z 點，參見圖 4–30。對於三角形 $\triangle XYZ$ 有五條截線 CQD, BRF, APE, DEF, ABC，利用 **Menelaus 定理**分別得到

$$\frac{\overline{YQ}}{\overline{QZ}}\cdot\frac{\overline{ZC}}{\overline{CX}}\cdot\frac{\overline{XD}}{\overline{DY}}=1、\frac{\overline{YF}}{\overline{FZ}}\cdot\frac{\overline{ZR}}{\overline{RX}}\cdot\frac{\overline{XB}}{\overline{BY}}=1、\frac{\overline{YA}}{\overline{AZ}}\cdot\frac{\overline{ZE}}{\overline{EX}}\cdot\frac{\overline{XP}}{\overline{PY}}=1 \tag{25}$$

$$\frac{\overline{YF}}{\overline{FZ}}\cdot\frac{\overline{ZE}}{\overline{EX}}\cdot\frac{\overline{XD}}{\overline{DY}}=1、\frac{\overline{YA}}{\overline{AZ}}\cdot\frac{\overline{ZC}}{\overline{CX}}\cdot\frac{\overline{XB}}{\overline{BY}}=1 \tag{26}$$

由(25)式中三式相乘除以(26)式中二式相乘得到

$$\frac{\overline{YQ}}{\overline{QZ}}\cdot\frac{\overline{ZR}}{\overline{RX}}\cdot\frac{\overline{XP}}{\overline{PY}}=1$$

因此，由 **Menelaus 定理**得到 P, Q, R 三點共線。■

巴斯卡研讀 **Pappus 定理**後，發現這定理在圓中依然成立，甚至把六個點看作成圓內接六邊形，參見圖 4–31。

於是我們就有

定理 4.13

（Pascal 定理，巴斯卡神秘六角形定理）

假設 A, B, C, D, E, F 為圓上六個點，若 $\overline{AE}$, $\overline{AF}$, $\overline{BF}$ 分別與 $\overline{BD}$, $\overline{CD}$, $\overline{CE}$ 交於 P, Q, R 三點，則 P, Q, R 三點共線，參見圖 4–31，此直線 PQR 叫做**巴斯卡線**。

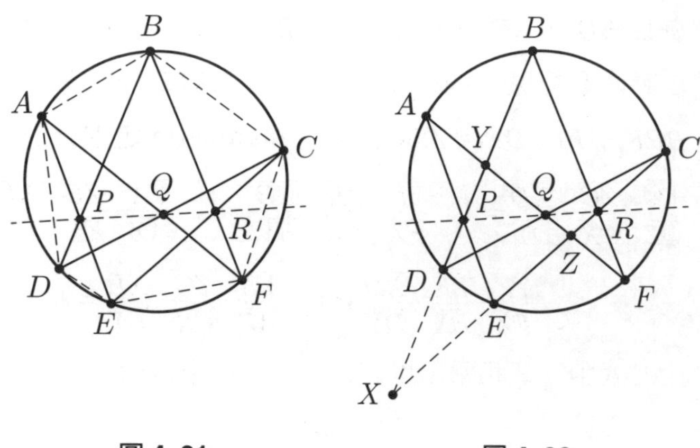

圖 4–31 圖 4–32

證 明 延長 $\overline{BD}$ 與 $\overline{CE}$ 交於 X 點，且 $\overline{BX}$ 與 $\overline{CX}$ 分別與 $\overline{AF}$ 交於 Y, Z 點，參見圖 4–32。對於 $\triangle XYZ$ 有三條截線 CQD, BRF, APE。

利用 **Menelaus 定理**分別得到

$$\frac{\overline{YQ}}{\overline{QZ}}\cdot\frac{\overline{ZC}}{\overline{CX}}\cdot\frac{\overline{XD}}{\overline{DY}}=1,\ \frac{\overline{YF}}{\overline{FZ}}\cdot\frac{\overline{ZR}}{\overline{RX}}\cdot\frac{\overline{XB}}{\overline{BY}}=1,\ \frac{\overline{YA}}{\overline{AZ}}\cdot\frac{\overline{ZE}}{\overline{EX}}\cdot\frac{\overline{XP}}{\overline{PY}}=1 \tag{25}$$

由(25)式中三式相乘得到

$$\frac{\overline{YQ}}{\overline{QZ}}\cdot\frac{\overline{ZC}}{\overline{CX}}\cdot\frac{\overline{XD}}{\overline{DY}}\cdot\frac{\overline{YF}}{\overline{FZ}}\cdot\frac{\overline{ZR}}{\overline{RX}}\cdot\frac{\overline{XB}}{\overline{BY}}\cdot\frac{\overline{YA}}{\overline{AZ}}\cdot\frac{\overline{ZE}}{\overline{EX}}\cdot\frac{\overline{XP}}{\overline{PY}}=1$$

又利用圓冪定理可得到

$$\frac{\overline{XD}\cdot\overline{XB}}{\overline{XE}\cdot\overline{XC}}\cdot\frac{\overline{YF}\cdot\overline{YA}}{\overline{YD}\cdot\overline{YB}}\cdot\frac{\overline{ZE}\cdot\overline{ZC}}{\overline{ZF}\cdot\overline{ZA}}=1$$

所以

$$\frac{\overline{XP}}{\overline{PY}}\cdot\frac{\overline{YQ}}{\overline{QZ}}\cdot\frac{\overline{ZR}}{\overline{RX}}=1$$

因此，由 **Menelaus 定理**得到 P, Q, R 三點共線。 ■

事實上，**Pascal 定理**就是 **Pappus 定理**的一個推廣。再從圓錐截痕來看，會發現非退化的圓錐曲線皆可由圓的透視投影而得，如圖 4–33 中放光源在 O 點，投射在水平的平面上成為圓，在某個傾斜度的平面上的影子是橢圓，再變換某些傾斜度，也可以是拋物線或雙曲線，因此，**Pascal 定理**雖僅談圓的情形，其實透過射影變換後，對於橢圓、拋物線與雙曲線均成立，即是

> 內接於圓錐曲線的任意六邊形的三對對
> 邊的交點在同一直線上，參見圖 4–34。

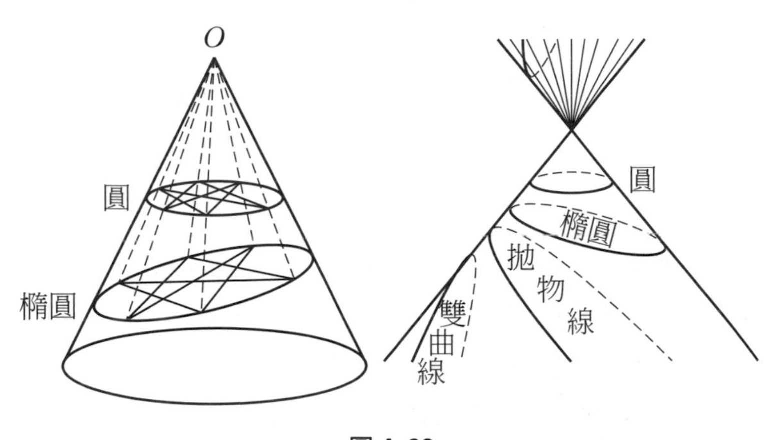

圖 4–33

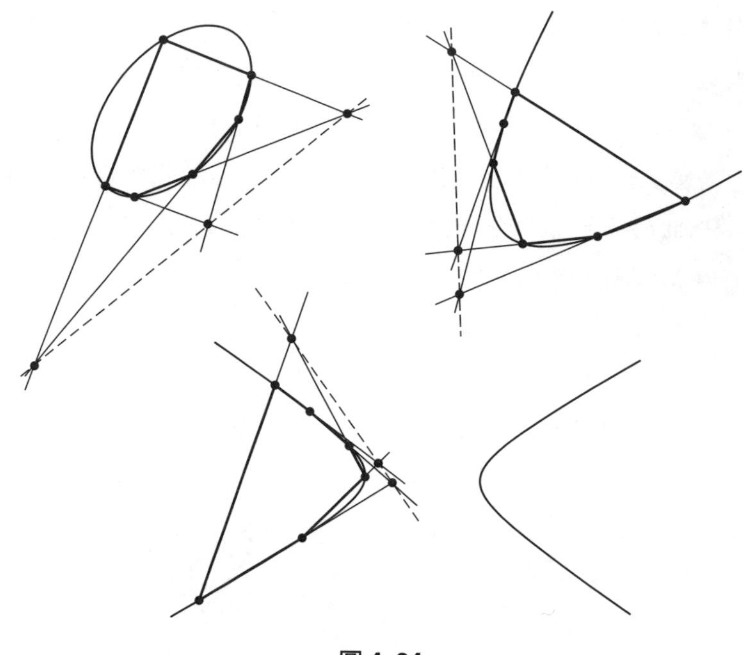

圖 4–34

巴斯卡揭開了圓錐曲線上六個點的射影性質，精妙無比，是射影幾何中內涵最為豐富的定理之一。巴斯卡的幾何學，在性質上並非是度量，而是畫法，如圖 4–35 中(a)～(d)的變化，更深一點的看法就是射影幾何。**Pascal 定理**中雙曲線的退化即為兩條相交直線，即為 **Pappus 定理**。

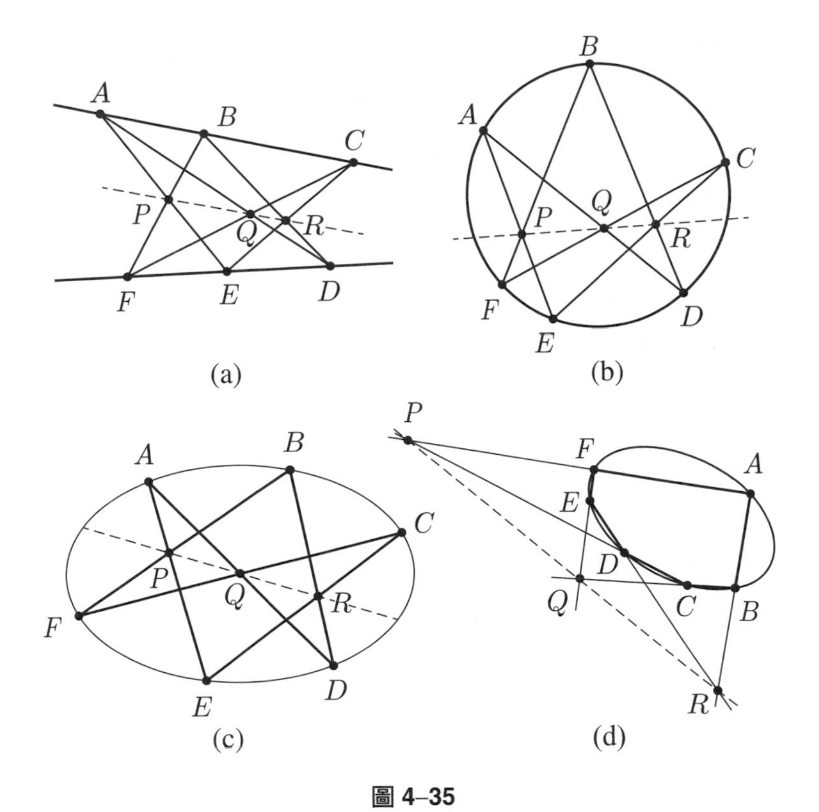

圖 4–35

值得注意，將 A, B, C, D, E, F 六點改變順序，**Pappus 定理**與 **Pascal 定理**同樣地成立，你不妨畫一畫，產生的巴斯卡線會形成有趣且美妙的構圖，此外，**Pascal 定理**的逆定理是成立的，有興趣可去探索。

另外，法國數學家**布列安桑**（Brianchon，1760～1854 年）利用射影幾何的對偶原理，發現了圓錐曲線的外切六邊形性質，這叫做 **Brianchon 定理**。

對偶原理就是「把『點』改成『切線』，把『連接點成直線』改成『求切線的交點』，把『共線』改成『共點』」，現在就可以將 **Pascal 定理**敘述改變為 **Brianchon 定理**。

於是我們就有

定理 4.14

（Brianchon 定理）

連接外切圓的六邊形 $ABCDEF$ 的相對頂點的三條對角線 $\overline{AD}$, $\overline{BE}$, $\overline{CF}$ 共點，參見圖 4–36。

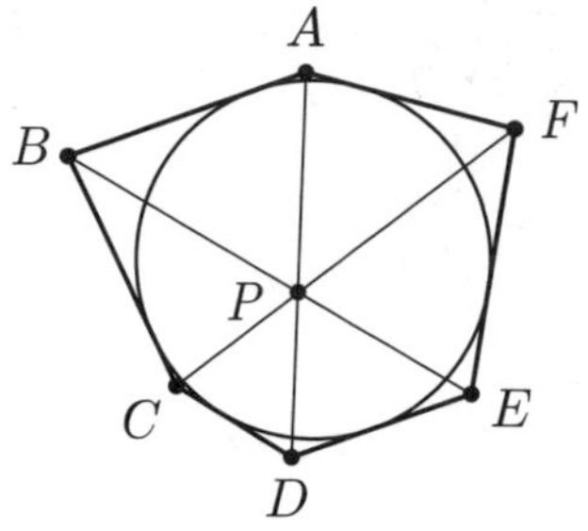

圖 4–36

風之遇

橢圓
拋物線
雙曲線
就在截痕裡
就在那宇宙間
吸取日月的光照
回饋日月的光照

截痕
爭相一個、二個⋯⋯

向河流呼嘯奔騰
日月
停泊的瞬間
凜然四射
立在風裡
就可以感受
最美麗的邂逅
只要你願意

第 5 章

圓錐曲線的應用

古文明的人問「**地球有多大、月亮有多遠?**」古希臘人除了觀星外，學天文，還洞察數學與天文不解之謎，因此，留下「地球為宇宙中心」的亙古之謎，震驚當時的世界。直到十六、七世紀後，由於坐標的引入，圓錐曲線的應用因實際問題的需要，再燃起新的熱潮，如運動學、力學、天文學的奧秘，數學家與科學家讓真相不斷地往前進，開啟了微積分的大門，更促進了科學新的篇章。

圓錐曲線的應用，印證了偉大科學家**伽利略**（Galileo Galilei，1564～1642 年）所說：

自然之書是用數學語言寫成的，不懂數學就讀不懂這本偉大的書。

美妙地透過圓錐曲線的數學知識，策動層出不窮的猜測、方法以及重大突破，是值得你閱讀，除了讓我們了解箇中滋味外，更富有驚奇神秘之真相。

5.1 牛頓運動學

運動學 (kinematics) 的觀點，常把物體視為**質點** (material point) 來簡化問題。例如：在地球繞太陽的行星運動中，把地球當成一個質點，就可以用牛頓運動定律分析地球受引力的情形，並且求出軌跡，不需要考量地球自轉而造成的影響，如此簡化後，就能得出物體大致的運動情形。注意，**運動學**是利用數學方法來

描述物體如何運動，但不討論物體為何會動。

甲、直線運動

近代科學家**牛頓**，在 1687 年發表科學著作《**自然哲學的數學原理**》，給出了**萬有引力**與**三大運動定律**，奠定近代物理和天文學的基礎。此外，還利用極限來研究運動現象，發明了微積分。

書中提到**牛頓第一運動定律**為

靜者恆靜，動者恆做等速率直線運動。

這特性叫做**慣性** (Inertia)，因此，第一運動定律又叫做**慣性定律**。

例 1

載運礦泉水的貨車，突然遇到前方有事故而緊急煞車，當時車上之礦泉水水面變化為何？

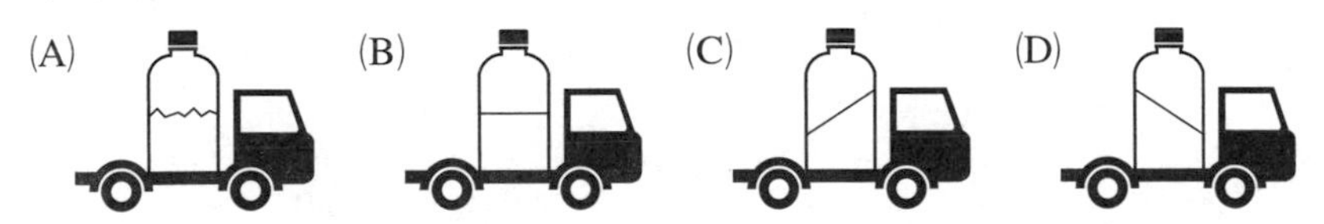

解 (C) □

乙、等速率圓周運動

設質點 P 以等速率 v 作圓周運動時，若點 P 在以 O 點為圓心且半徑為 r 的圓上，在 Δt 時間內沿圓周所經的路徑長為 ΔS，則速率 v 可寫為

$$v=\frac{\Delta S}{\Delta t} \tag{1}$$

參見圖 5–1。由於 $\Delta S=r\cdot\Delta\theta$，其中 $\Delta\theta$ 為質點所繞過的圓心角，我們稱 $\Delta\theta$ 為**角移** (angular displacement)，可以將(1)式改寫為

$$v=\frac{\Delta S}{\Delta t}=\frac{r\cdot\Delta\theta}{\Delta t}。 \tag{2}$$

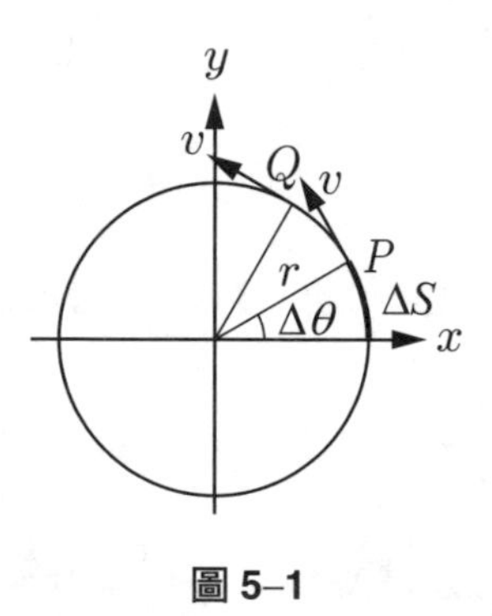

圖 5–1

其次，當考慮圓周運動是一種等角速運動時，則質點在單位時間內所轉過的角移皆相同，也代表任一瞬間的角速度 ω 等於任一時間間隔的平均角速度，就有

$$角速度\ \omega=\frac{\Delta\theta}{\Delta t}$$

即是 $\Delta\theta=\omega\cdot\Delta t$。圖 5–1 中質點在 $t=0$ 時，由正 x 軸開始逆時針旋轉

至點 P 花了 Δt 時間，若 $P(x, y)$，則質點位置與時間的關係為

$$x = r\cos(\omega \cdot \Delta t)$$
$$y = r\sin(\omega \cdot \Delta t) \tag{3}$$

得到

$$x^2 + y^2 = [r\cos(\omega \cdot \Delta t)]^2 + [r\sin(\omega \cdot \Delta t)]^2$$

化簡後可得

$$x^2 + y^2 = r^2。$$

因此，圓周運動軌跡為圓的一種運動，此運動稱為**等速率圓周運動** (uniform circular motion)。注意，不叫做等速度圓周運動。因為要保持切線方向速度，所以存在一個力使其軌跡為圓或弧形的運動，這力叫做**向心力**，參見圖 5–2，隨軌跡而改變，但恆指向圓心。

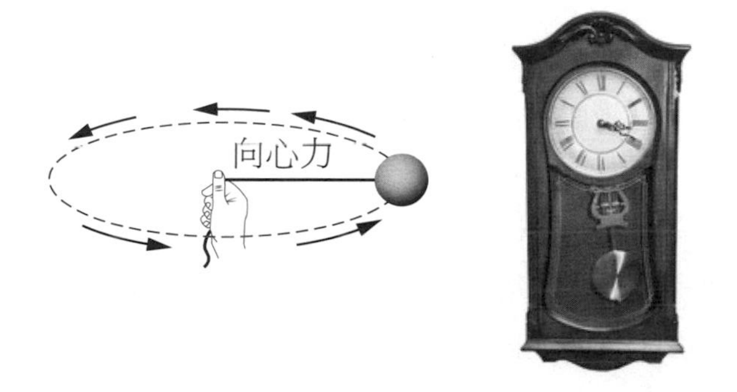

圖 5–2　　**圖 5–3**

等速率圓周運動是日常生活中常見的曲線運動。例如：光碟片轉動、鐘錶指針的運動、遊樂場中的旋轉木馬、洗衣機脫水槽、旋轉中的雨傘、車子轉彎、單擺、人造衛星繞地球、天體運行以及在圓形操場慢跑等等，皆是繞著中心軸作圓周運動。

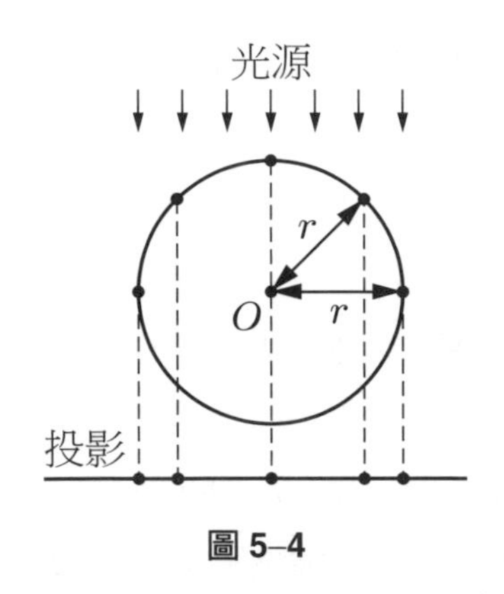

圖 5–4

當考慮小球在半徑 r 的圓上作等速圓周運動，並且其上方恰有平行光源照射在小球上，參見圖 5–4，則小球在地面上的投影，會在一直線上來回運動，此小球投影的運動即為**簡諧運動** (Simple Harmonic Motion, SHM)。

此時圓周運動的半徑 r 即為簡諧運動的振幅，則圓周運動質點位置與時間的關係僅考慮水平分量為

$$x = r\cos(\omega \cdot \Delta t)$$

即為簡諧運動的位置與時間關係，美妙地，它是**直線運動**。

簡諧運動是自然界最簡單又諧調的振動，常見如人走路時手臂會小幅度的來回擺動、牆上掛鐘的擺錘以及弦樂器上琴弦的振動等等，它是一種週而復始的線性來回運動。

5.2 拋體運動

在無重力狀態下，若考慮一個物體在原點 O，以初速度 $v_0 = 5$ m/sec 朝著邊長 3, 4, 5 的直角三角形斜邊方向拋射，參見圖 5–5，若經過 t 秒鐘，則物體為直線運動朝斜邊方向走了 $5t$ 公尺，它所在位置在 $P(4t, 3t)$，則這物體運動的軌跡為

$$\begin{cases} x = 4t \\ y = 3t \end{cases}, \ t \in \mathbb{R}$$

此軌跡為一直線。

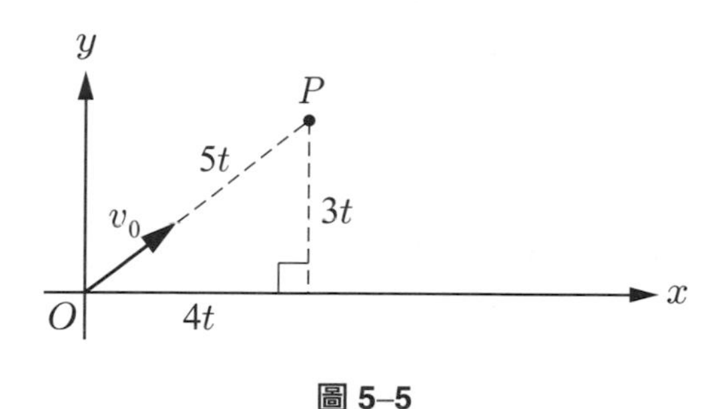

圖 5–5

若在重力狀態下，我們把物體在空中的運動叫做**拋體運動**。事實上，物體除非在太空上，否則是在重力狀態下作拋射，此時拋出的物體初速度不為零外，大致上分為垂直向上拋與向下拋（即是自由落體）、以及水平拋射和斜向拋射。這裡主要是談水平拋射和斜向拋射的運動軌跡。常見的例子如球（或小石頭）拋射或者砲彈發射等等，參見圖 5–6 與圖 5–7。

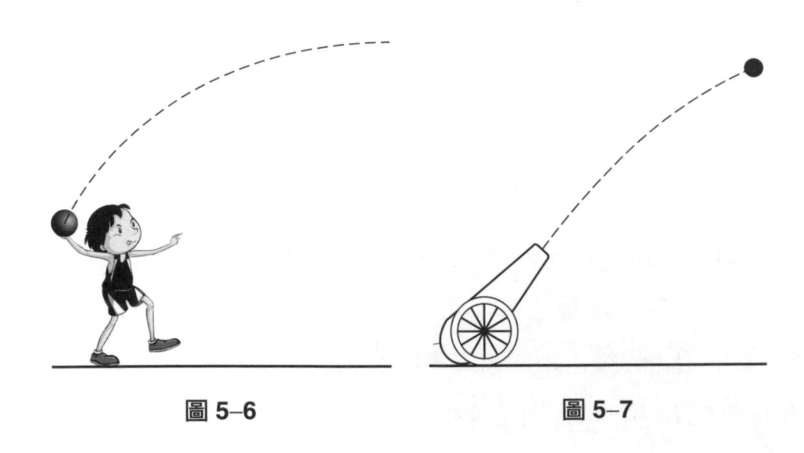

圖 5–6 **圖 5–7**

義大利物理學家**伽利略**提出理想拋體（就是只受均勻重力場的重力作用，即空氣阻力可忽略或物體速率遠小於其終端速度）的運動軌跡均為拋物線的一部分，**垂直上拋**與**自由落體**的運動軌跡為焦點在準線上的退化拋物線，為**一直線**。

 **2**

圖 5–5 中改為有重力狀態下，拋體運動軌跡為一拋物線。

 伽利略提到理想拋體運動由水平方向的等速運動與鉛垂方向的等加速度運動所組成，並且兩者的運動彼此互不影響，所以經過 t 秒鐘後，水平方向的等速運動移動到 $4t$ 公尺，而鉛垂方向的等加速度運動中，時間－速度關係圖，參見圖 5–8，得到向下位移為 $\triangle ABC$ 面積：

$$\frac{1}{2}\cdot gt\cdot t=\frac{1}{2}gt^2 \quad \text{公尺}$$

其中 g 為赤道海平面上的重力加速度。

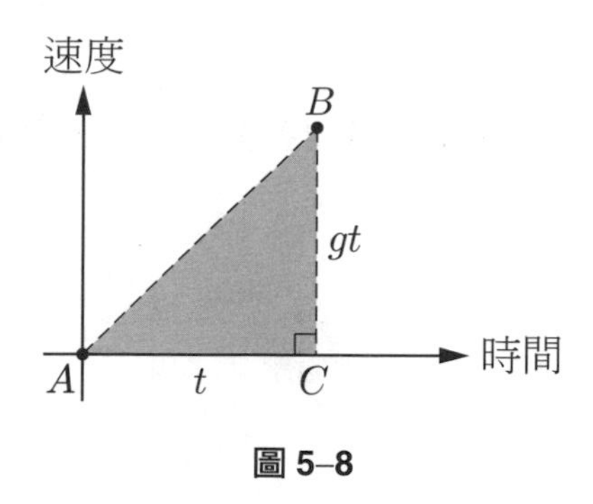

圖 5–8

所以圖 5–5 中物體運動到 P 點的軌跡為

$$\begin{cases} x = 4t \\ y = 3t - \frac{1}{2}gt^2, \ t \in \mathbb{R} \end{cases}$$

即是

$$y = \frac{3}{4}x - (\frac{1}{32}g)x^2 \tag{4}$$

我們導出(4)式為拋物線，因此，拋體作斜向拋射的運動軌跡為一拋物線。 ■

【問題 1】**例 2** 中改為拋體作水平拋射的運動軌跡為一拋物線。

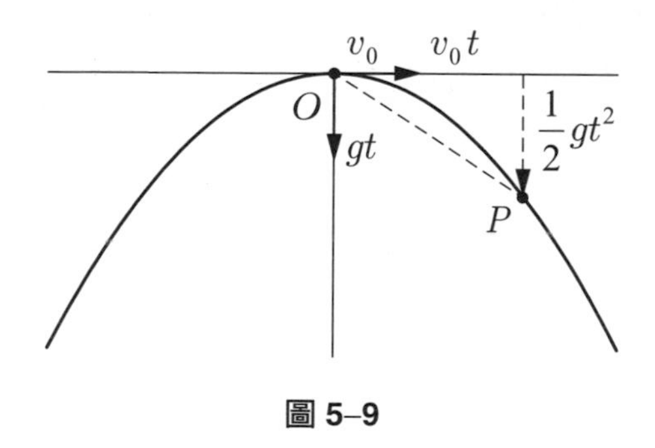

圖 5–9

例 3

兩人玩投球時，參見圖 5–10，球向斜上方拋出比水平方向拋出來得容易接到球。

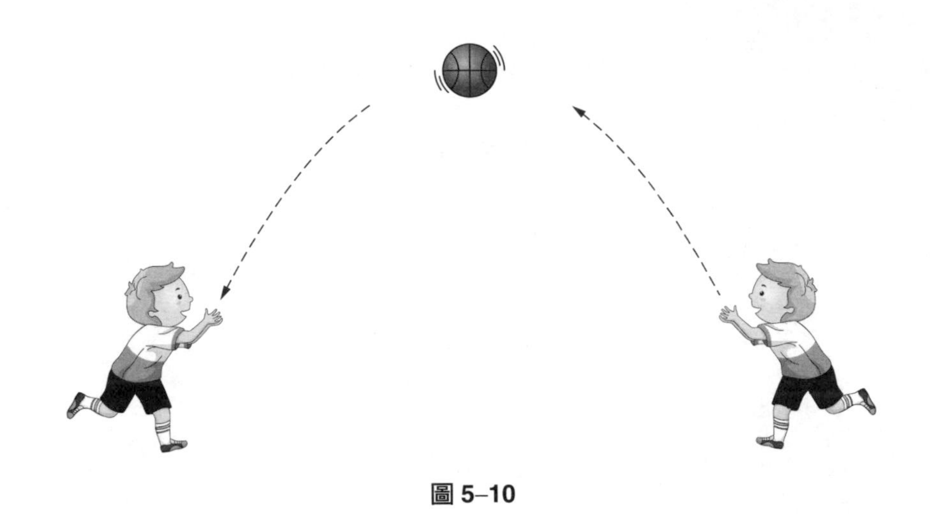

圖 5–10

證 明 投出去的球到達對方手上之前，球會受重力作用而不斷向鉛直方向落下。若每次投球的初速度一樣，則向斜上方拋出比水平方向拋出抵達對方手上花的時間較多，因此，向斜上方拋出來得容易接到球，當然用較小的力向斜上方拋出，會更容易接到這樣的慢球。 ■

例 4

證明一個理想拋體斜向拋射仰角為 45° 可拋出最大距離。

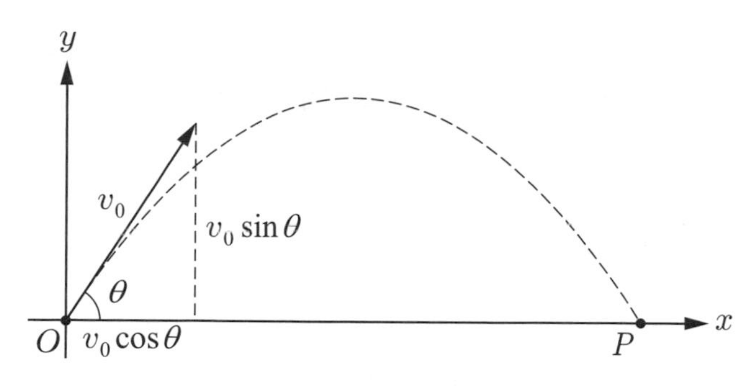

圖 5–11

證　明　設拋體拋出點 O 以初速度 v_0 到達落地點為 P，參見圖 5–11，則有

$$\text{水平位移 } S_x = v_0 \cos\theta \cdot t \tag{5}$$

$$\text{垂直位移 } S_y = v_0 \sin\theta \cdot t - \frac{1}{2}gt^2 \tag{6}$$

到達著地點 P 時，垂直位移 $S_y = 0$，即(6)式為零，經化簡得到

$$t = \frac{2v_0 \sin\theta}{g} \tag{7}$$

所以最大距離即為 $\overline{OP} = S_x$，(7) 式代入 (5) 式，得到 $S_x = \frac{2v_0}{g}\sin 2\theta$。當 $\sin 2\theta = 1$ 時，即 $2\theta = 90°$，有最大距離，因此，仰角 θ 為 45° 時，可以投至最大距離，也就是說「最遠」。 ■

5.3 反射與光學性質

物理學家從自然界中發現光的反射定律，而反射定律在圓錐曲線的應用上，更是廣泛被採用。

甲、光的反射定律

光的反射定律，是指光線在真空或介質中會沿著直線前進，當光行進在兩不同介質的介面上會有部份光線反射回同一介質。特別地，當光線發生反射時，反射的光線滿足「**入射角等於反射角**」的關係，且入射光與反射光均在介面的同一邊，此定律稱為**反射定律**，參見圖 5–12 中入射角 α 等於反射角 β。

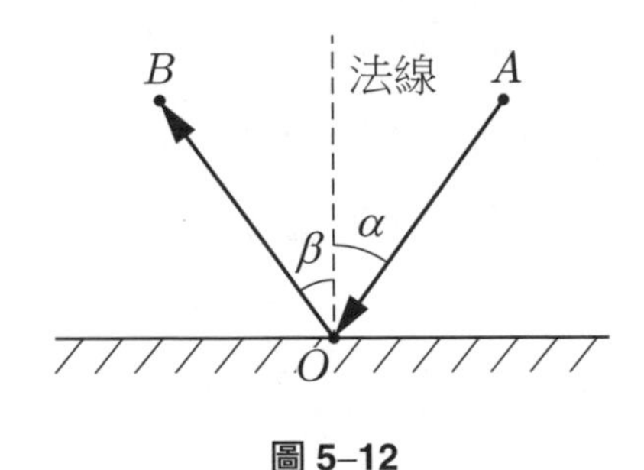

圖 5–12

物理學家認為反射定律是必然現象，但數學家並不認為這是必然現象，重新探索，轉換成「**光的反射是順著最短距離路徑前進的，換言之，就是經過反射路徑要找到最短距離，此時入射角才會等於反射角**」。

例 5

證明反射定律是經過反射路徑找到最短距離，則入射角才會等於反射角。

證　明　作 A 對反射物的對稱點 A'，參見圖 5–13，我們就有 $\triangle OAH \cong \triangle OA'H$。於是就得到 $\overline{OA}=\overline{OA'}$ 且 $\angle\gamma=\angle\delta$，此時找到最短距離為 $\overline{AO}+\overline{OB}=\overline{A'B}$。因此，入射角 α 等於反射角 β。

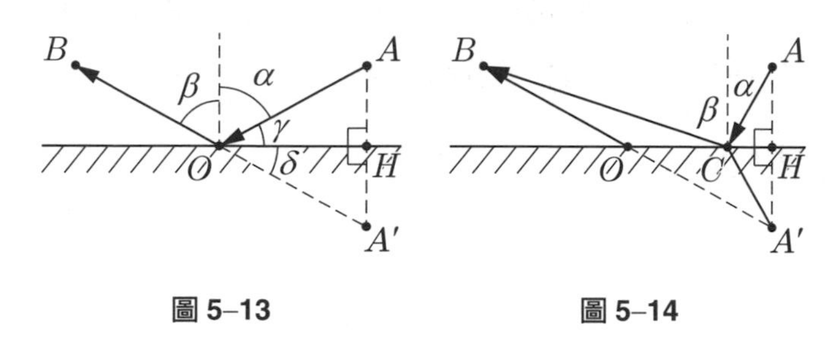

圖 5–13　　圖 5–14

反過來，若入射角不等於反射角，參見圖 5–14，作 A 對反射物的對稱點 A'，則

$$\overline{AC}+\overline{CB}=\overline{A'C}+\overline{CB}>\overline{A'B}$$

很顯然就不是最短路徑。 ■

這裡談到僅考慮單向反射的情形，即是一束平行光入射至一平滑的反射面，則反射光束也是平行光，參見圖 5–15，否則就是漫射。

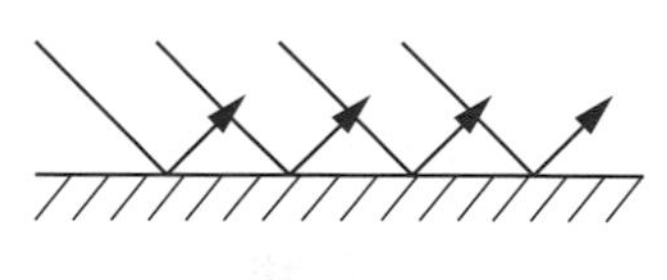

圖 5–15

事實上，早在古希臘**歐幾里得**在著作《**光學**》(Optica) 中提出光的直線傳播定律及反射定律。之後由**費馬** (Fermat，1601～1665 年) 於 1662 年提出**費馬原理** (Fermat principle)：

> 規定了光線傳播的唯一可實現的路徑，不論光線正向傳播還是逆向傳播，必沿同一路徑。光在任意介質中從一點傳播到另一點時，沿所需時間最短的路徑傳播。

這原理又稱為**最小時間原理**。簡言之，「**光線的前進是取最短路徑**」，這原理逐漸被擴展成自然法則，進而成為一種哲學觀念，更是幾何光學中的一條重要原理。**費馬**用微分或變分法可以從**費馬原理**導出三個幾何光學定律，其一則是**光的反射定律**。

乙、光學性質

定理 5.1

若 P 點為有心錐線（橢圓或雙曲線）上一點，且兩焦點為 F_1, F_2，則兩焦半徑 $\overline{PF_1}$ 與 $\overline{PF_2}$ 與過 P 點的切線 L 的夾度相等，參見圖 5–16 中 $\angle 1 = \angle 2$。

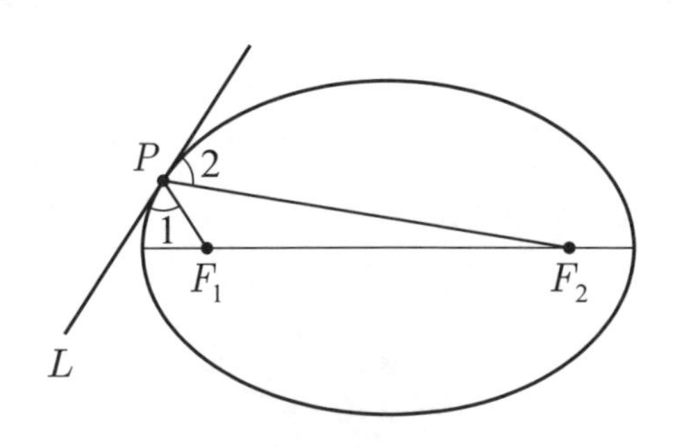

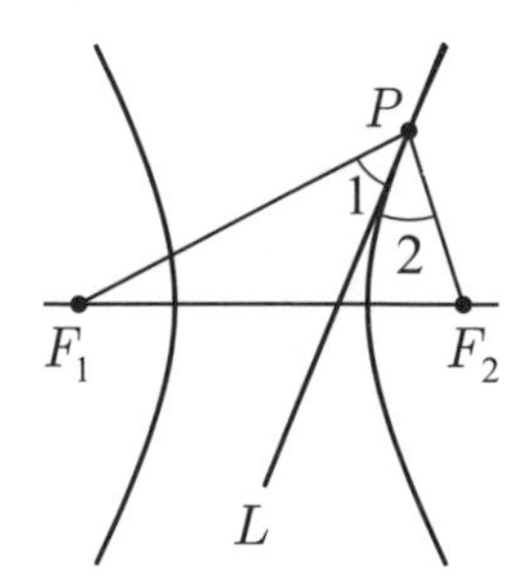

圖 5–16

注意，**定理 5.1** 對橢圓而言等價於過 P 的切線為 $\angle F_1PF_2$ 的外角平分線，而對雙曲線而言等價於過 P 的切線為 $\angle F_1PF_2$ 的內角平分線，底下就來證明。

證　明　設 P 為橢圓上任一點，參見圖 5–17，若直線 L 為 $\angle RPF_1$ 的角平分線，則點 F_1 對直線 L 的對稱點 R 會在直線 PF_2 上，即 $\overline{RP}=\overline{PF_1}$。

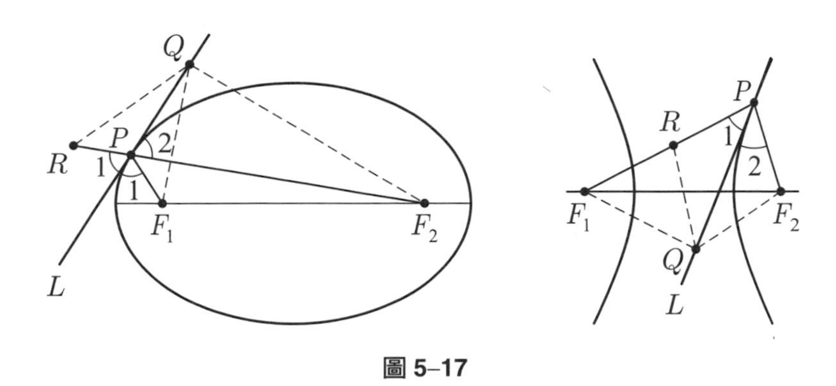

圖 5–17

同時在直線 L 上取異於 P 的任一點 Q，由於 $\overline{RF_2}=\overline{RP}+\overline{PF_2}=\overline{PF_1}+\overline{PF_2}$，則有

$$\overline{QF_1}+\overline{QF_2}=\overline{QR}+\overline{QF_2}>\overline{RF_2}$$

導出

$$\overline{QF_1}+\overline{QF_2}>\overline{PF_1}+\overline{PF_2}$$

所以 Q 點不在橢圓上，也就是直線 L 與橢圓只有一個交點，就是 P 點，因此，直線 L 是橢圓過 P 的**切線**。

仿照橢圓的證法就可以得到雙曲線的情形。　■

【問題 2】試證**定理 5.1** 中雙曲線的情形。

至於拋物線也有如**定理 5.1** 的性質，不同之處是拋物線僅有一個焦半徑，但也有類似切線性質，就是

定理 5.2

若點 P 為拋物線上任一點，則過 P 的切線 L 與焦半徑 $\overline{PF}$ 的夾角等於 L 過 P 點而平行於對稱軸的直線之夾角，參見圖 5–18 中 $\angle 1 = \angle 2$。

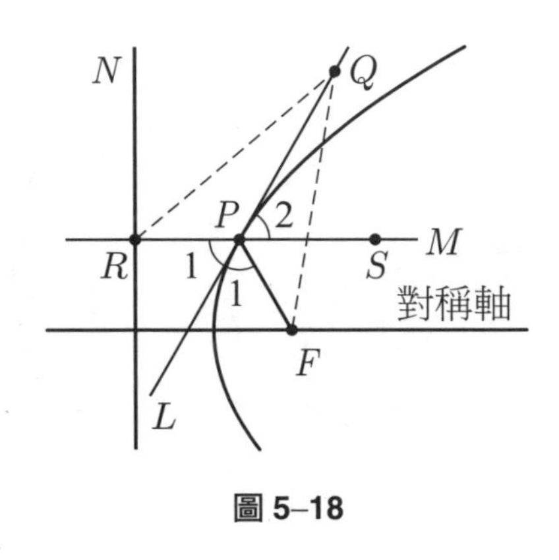

圖 5–18

注意，**定理 5.2** 等價於過 P 的切線為 $\angle FPR$ 的角平分線。

證明 若直線 L 為 $\angle FPR$ 的角平分線且直線 M 平行對稱軸，以及直線 N 為準線，則 $\overline{PR} = \overline{PF}$。取直線 L 上異於 P 的點 Q，因為 $\angle QPR = \angle QPF$，$\overline{PQ} = \overline{PQ}$，所以 $\triangle PQR \cong \triangle PQF$，得到 $\overline{QR} = \overline{QF}$。

由於點 Q 到準線 N 的距離小於 $\overline{QR}$，所以 Q 點不在拋物線上，也就是直線 L 與拋物線只有一個交點，就是 P 點，因此，直線 L 是拋物線過 P 的切線。 ■

因此，我們得到圓錐曲線的**光學性質**為

(i) 由拋物線焦點 F 射出的光線，射到拋物線上經反射後，都會與軸平行。反之，與軸平行的入射光，射到拋物線上經反射後，都會通過焦點 F，參見圖 5–19。

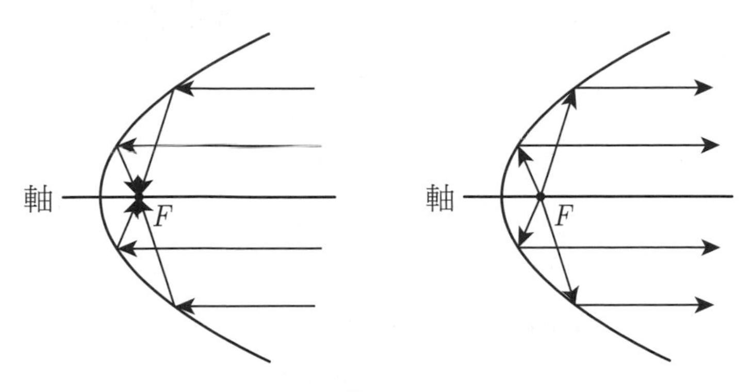

圖 5–19

例如：反射式天文望遠鏡利用拋物面鏡會聚光線、碟型天線相當於拋物面鏡，用以會聚遠方傳來的電磁波、探照燈以及汽車的前燈，將光源置於凹面拋物面鏡的焦點處，經鏡面反射後的平行光可以傳至甚遠處，以及太陽灶的構造原理，利用聚光性質使太陽光反射到焦點上，快速的加熱焦點上的物體!

(ii) 由橢圓的一個焦點射出的光線，射到橢圓上的點 P，經反射後都會通過另一個焦點。圖 5–20 中是從焦點 F_2 射出的光線經過多次的反射之情形。

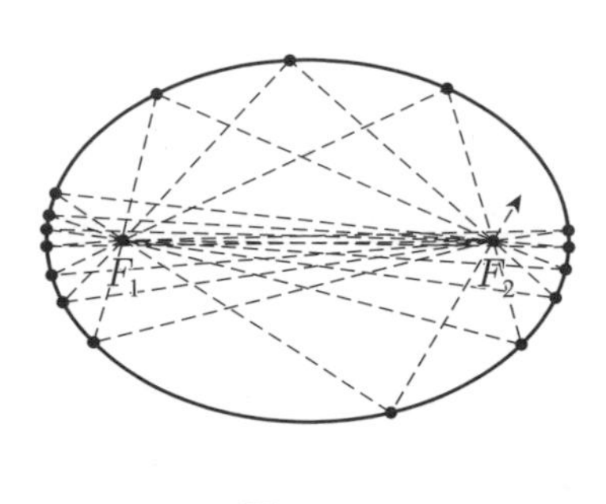

圖 5–20

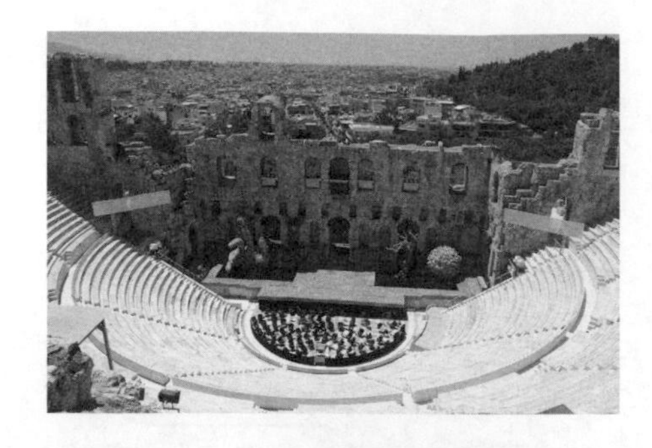

圖 5–21：阿迪庫斯音樂廳

橢圓的光學性質常應用於聲波上，如古希臘的**阿迪庫斯音樂廳** (Odeon of Herodes Atticus)，參見圖 5–21、以及**摩門教大禮拜堂** (Mormon Tabernacle)，皆是採橢圓形的建築，他們把演奏者安置在橢圓形的一個焦點上，聲波經由反彈後會傳到另一個焦點上，這一點是可以聽得最清楚的一點。

(iii) 由雙曲線的一個焦點射出的光線，射到雙曲線上的點 P，其反射光所在的直線會通過另一個焦點，圖 5–22 中是從焦點 F_2 射出的光線反射之情形。

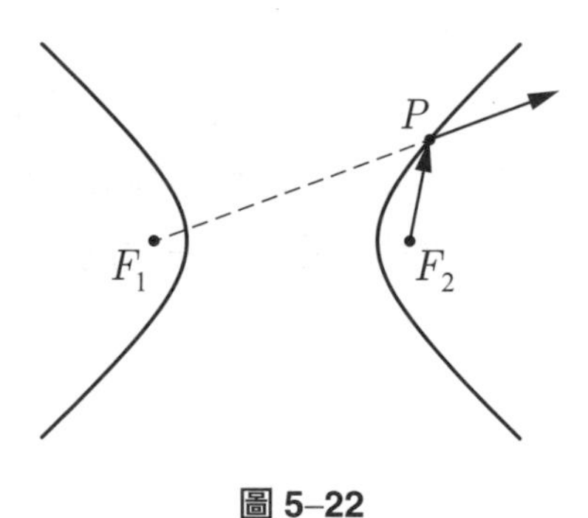

圖 5–22

雙曲線在生活建築上的實例還不少，例如北二高碧潭大橋的拱橋，特別是橋梁結構至橋墩處近似直線，即雙曲線的**漸近線**。臺中德基水庫即是臺灣第一座由混凝土為材料所構成雙曲線型薄拱壩，總蓄水量為 232000000 立方公尺，可見能承受多麼龐大的驚人水量，利用雙曲線中漸近線的原理，把所有的水的力量分散到旁邊的山壁，是需有合適之地質及地形。

拉塞福（Ernest Rutherford，1871～1937 年）在 1909 年英國曼徹斯特 (Manchester) 大學用 α 粒子撞擊一片薄的金箔，建立拉塞福原子模型之理論，推出 α 粒子經過原子核附近時，所受靜電斥力之大小係與原子核距離之平方成反比。若庫侖力為斥力時，其總能量為正值，由力學知其運動軌跡必為開口曲線，即 α 粒子與原子核為斥力作用，其軌跡為雙曲線的一支，此雙曲線軌跡係以原子核為其中一個焦點，參見圖 5–23。

圖 5–23

例 6

太空學家為了探索宇宙其他的星球是否有生命跡象，在高山上架了一個巨大的「大耳朵」(是一拋物面鏡)，參見圖 5–24，已知大耳朵的直徑為 16 公尺，縱深是 2 公尺，參見圖 5–25，試問訊息接受器應該距離 O 有多遠?

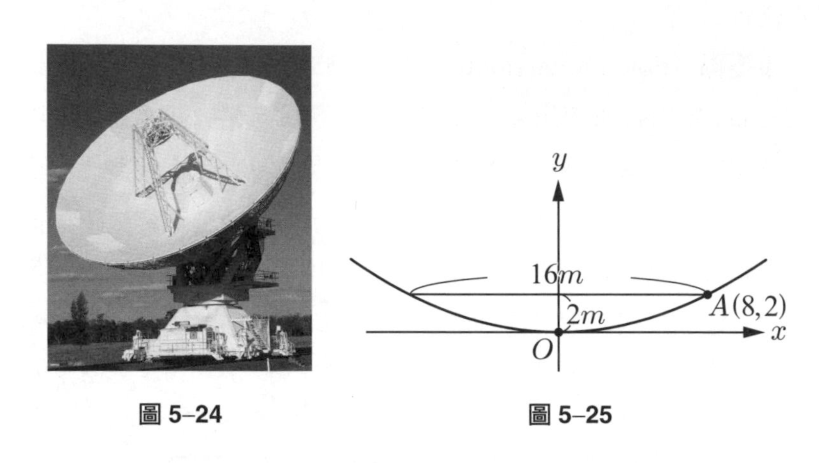

圖 5–24　　圖 5–25

解　由拋物線的光學性質，「大耳朵」會將訊息經反射後聚集於焦點，接受器位在焦點上。圖 5–25 是「大耳朵」坐標化，以 O 點為頂點，設拋物線方程式為 $x^2=4cy$，又過點 $A(8, 2)$ 代入得到

$$8^2=4c\cdot 2$$

所以焦距 $c=8$，因此，訊息接受器應該距離 O 有 8 公尺遠。

□

例 7

設雙曲線方程式為 $\frac{x^2}{5}-\frac{y^2}{4}=1$，若有一光線從焦點 F_2 發射，碰到雙

曲線上的 P 點，反射後通過點 $A(9, 6)$，已知 P 點在第一象限，求 P 點坐標。

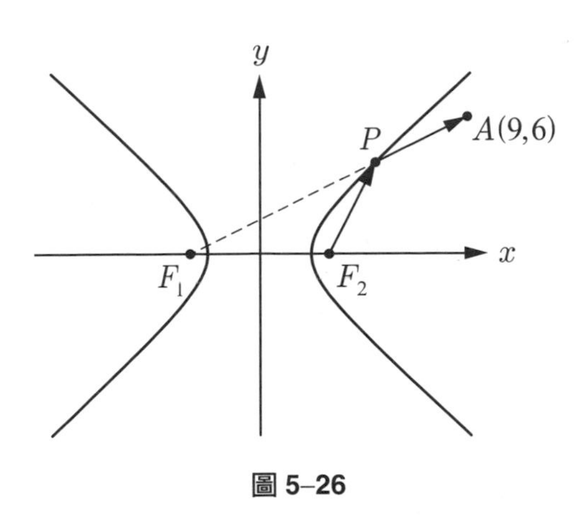

圖 5–26

解　由雙曲線定義可得兩焦點坐標為 $F_1(-3, 0)$, $F_2(3, 0)$，並且由雙曲線的光學性質得到 $\overline{AP}$ 的延長線必過另一焦點 F_1，所以直線 AP 的斜率為直線 AF_2 的斜率為 $\frac{1}{2}$，導出直線 AP 的方程式為 $x-2y+3=0$。

解方程式

$$\begin{cases} \frac{x^2}{5}-\frac{y^2}{4}=1 \\ x-2y+3=0 \end{cases} \text{得到 } y=\frac{4}{11}\text{（不合）或 } 4$$

因此，P 點坐標為 $(5, 4)$。　□

【問題 3】 設 F_1, F_2 為橢圓的二焦點，直線 L 切橢圓於 P，且 $\angle F_1PF_2=60°$。若 F_1, F_2 對直線 L 之投影點分別為 A, B，並且 $\overline{AB}=8$，求 $\overline{PF_1}+\overline{PF_2}$ 的值。

例 8

有一橢圓形水池，某人將一小石頭丟進水池內，入水點剛好在該橢圓之一焦點，請問所產生的水波碰到水池反射回來的水波是何種形狀呢?（假射水波之間互不影響）

解 由橢圓的光學性質得到，水波經反射後會往另一焦點集中，由於石頭丟進水池內的水波以圓形擴散，且速度相等，經反射到達另一焦點所走的總距離相等，即是長軸長 $2a$，因此，水波經反射後會以圓形狀向另一焦點集中。 □

例 8 中提出一個有趣問題就是圓形波從一焦點碰到非退化圓錐曲線，反射回來的波形是何種形狀呢?

當然依然滿足圓錐曲線的光學性質，我們會發現碰到橢圓與雙曲線的反射波形是**圓形**，參見圖 5–27，但拋物線的反射波形是**直線形**，參見圖 5–28。

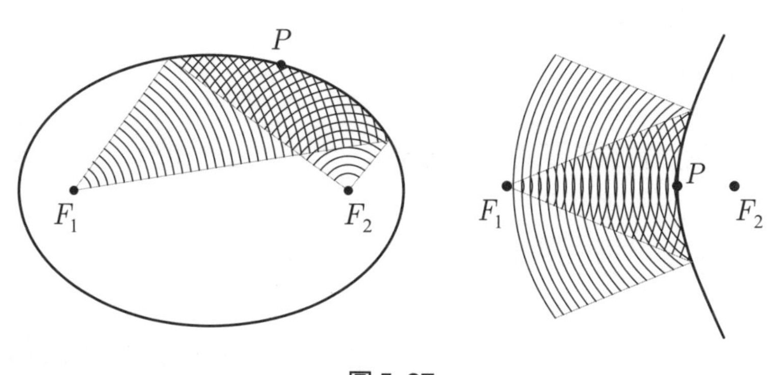

圖 5–27

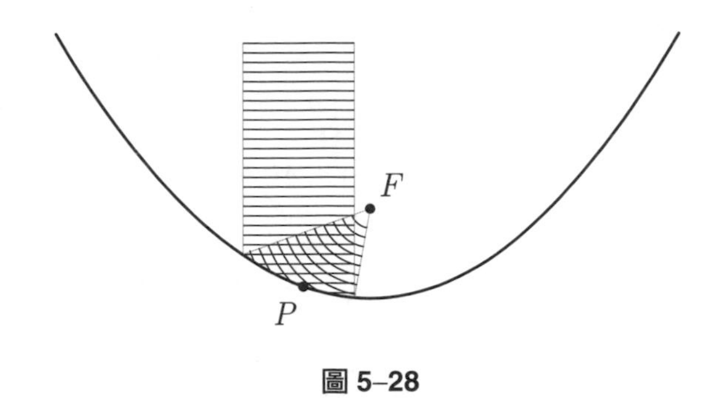

圖 5–28

5.4　天體的運行軌道

古埃及人在西元前 3000 年，注意到太陽和恆星的運動，早期天文學就因而誕生。在西元前六百年到後六百年間，古希臘人嘗試用數學的眼光洞察宇宙中天體運轉的規則，使得天文學到達最早的高峰，具有深遠的影響，傳承到了科學革命時期，開啟新的篇章外，更是大放異彩。

甲、古希臘的天文學

希臘數學家總是困惑且好奇於浩瀚宇宙，如**泰利斯**、**畢達哥拉斯**、**亞里斯多德**、**阿里斯塔克斯**以及**托勒密**等等，他們皆樂於探求亙古不變的真理，思索不竭下發展了一套幾何系統，來描述天體的運動。

泰利斯為了測量金字塔高度，論證三角形具有相似成比例的性質，參見圖 5–29，因而促進三角學蓬勃發展，從此有了三角函數表，將它應用於天文測量上。

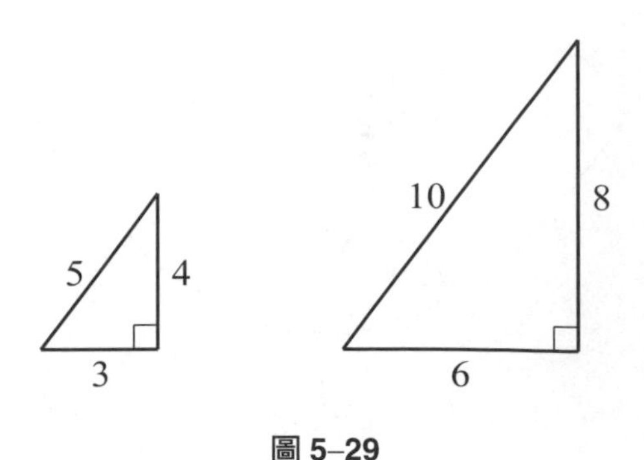

圖 5–29

畢達哥拉斯（Pythagoras，約西元前 580～前 496 年）認為地球是圓球狀的，宣稱「**圓與球是幾何中最完美的形體**」。他在海邊發現，駛近的船桅頂先出現，然後出現帆，最後才看到整個船身，由此便推測出，**地球的表面一定是圓的**，參見圖 5–30。另外，由**月相圖**（月的盈虧），參見圖 5–31，推測**月球是球狀的**，最後推測地球與其他星體皆是球狀的。

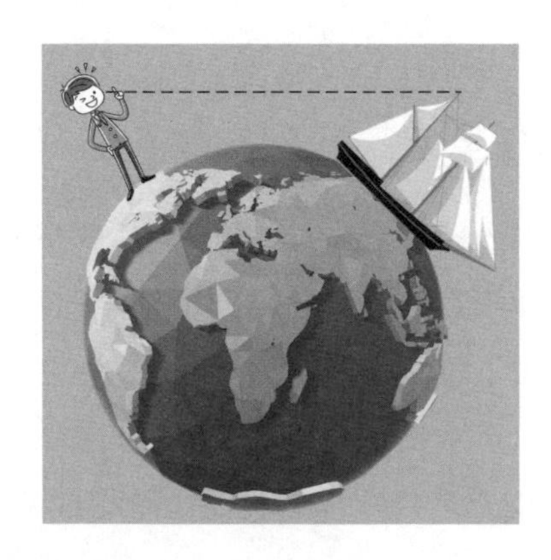

圖 5–30

圖 5–31

亞里斯多德（Aristotle，西元前 384～前 322 年）認為地球是圓球狀的，而不是平面，由月食的影像了解投射在月球上的是地球的影子，因此，地球形狀是圓球形。

此外，他的天文與運動觀點是地球位在宇宙的中心（**地心說**），且**地球是靜止，而且地球上的物體都趨近靜止，要有額外的作用，物體才會運動**。這觀點被採用將近二千年。

古希臘天文學家與數學家**阿里斯塔克斯**（Aristarchus，約西元前 310～前 230 年），則是史上最早提倡「**日心說**」的天文學者，他將太陽放置在整個宇宙的中心，後人稱他為「**希臘的哥白尼**」。可惜他的論點未被人理解而採用，直到 2000 年後，哥白尼才發展和完善了「**日心說**」的理論。**阿里斯塔克斯**曾用三角學來計算出地球半徑如**例 9**。

例 9

某人爬上 8.5 公里高的山，向地平線望去，測量視線和垂直線之間的夾角，參見圖 5–32 中 $\angle BAC$，阿里斯塔克斯測得這角近似 87°，計算地球半徑。

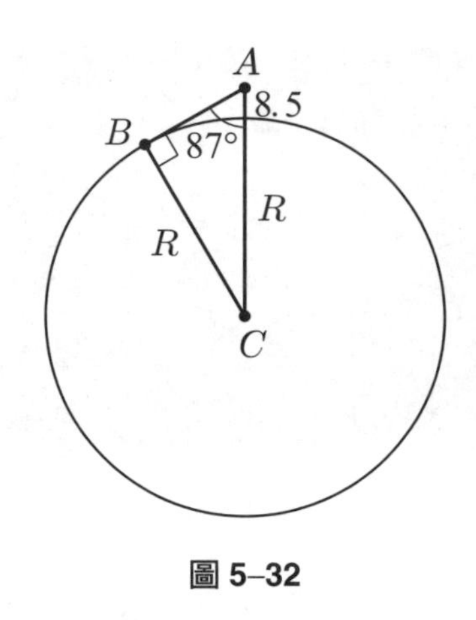

圖 5–32

解 $\triangle ABC$ 中，他估計 $\angle BAC$ 約為 87°，於是就有

$$\sin 87^\circ = \frac{R}{R+8.5}$$

利用查表可得到 $\sin 87^\circ = 0.9986$，得到

$$R \approx 6062.9285 \approx 6063 \text{（公里）}$$ □

儘管**例 9** 求得的地球半徑與現代科技測量的約 6376.5 公里有所誤差，但三角學因而依附在天文測量中，發揮極大的價值，三角學的發展直到十三世紀，才從天文學中脫離成一門獨立的學問。

古希臘天文學都建築在

天體是完美的，圓形也是完美的，
因此，天體的運行軌跡必定是圓形的。

到了**托勒密**（Ptolemy，90～168 年）也不例外，他帶領走入天文學與盛時代，最大貢獻是將「**地心說**」的模型發展完善，建立了宇宙體系圖，參見圖 5–33，引進「等點」和「等角速度」的概念，更準確的預測各行星的運動，日月五星更是有了遠近次序，將這些集其大成編成**大綜合論** (Megale Syntaxis)，裡面融合了古代天文學理論的精粹，成為科學史上最早一本有系統的天文學書，也成為天文學的聖書。這思維維持將近 1500 年，托勒密之後，因基督教義的主宰以及宗教戰爭，天文學的發展完全墜入黑暗時代。

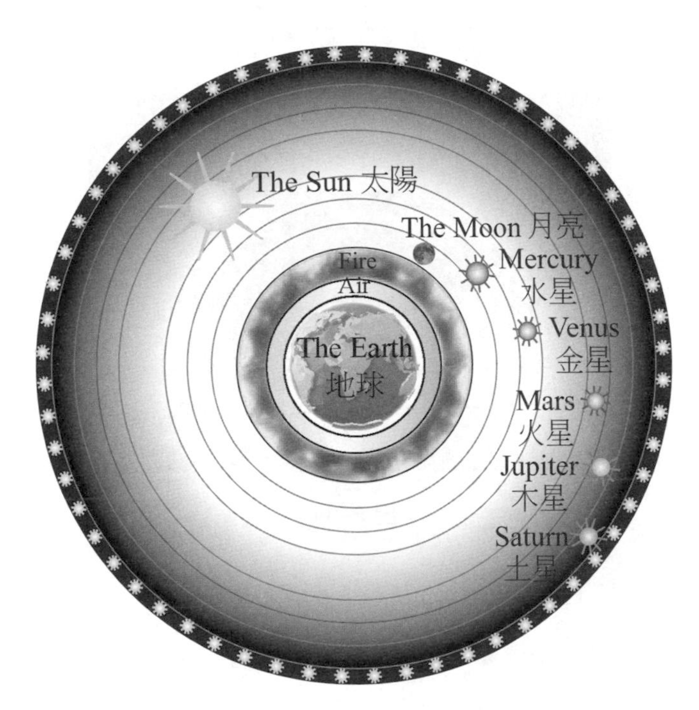

圖 5–33

乙、近代的天文學

西元 1543 年，波蘭天文學家**哥白尼**（Nicolaus Copernicus，1473～1543 年）發表反**亞里斯多德**與**托勒密**的科學革命，提出「**日心地動說**」編著於《**天體運行論**》。他根據已有的天文資訊，修正了以地球為宇宙中心的觀念，建構出更正確的行星運行軌道，建構了我們現在所認識的太陽系，同時提出日月星辰的東升與西落，是因為地球自轉的緣故。**哥白尼**最大貢獻就是掀開了近代科學天文學探究大門。

圖 5–34

哥白尼去世後，丹麥誕生了一位天文學家**第谷**（Tycho Brahe，1546～1601 年），是最偉大與最精密的天文觀測學者，臨終時由德國天文學家**克卜勒**（J. Kepler，1571～1630 年）接管第谷長達 30 年的觀測數據。後來**克卜勒**發現了行星運動，這結果我們叫做**克卜勒定律**。

1. 克卜勒行星第一運動定律（橢圓律）：

太陽系的行星，各在以太陽為焦點的一橢圓軌道上運行，參見圖5–35。

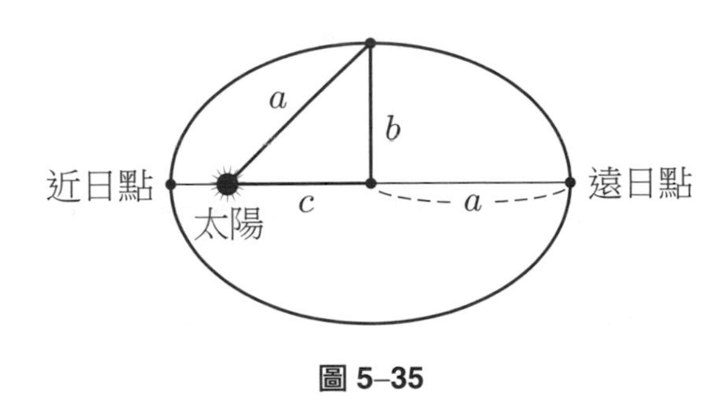

圖 5–35

即遠日點為 $a+c$；近日點為 $a-c$；離心率為 $\varepsilon=\dfrac{c}{a}$ 代表橢圓的扁平程度。

2. 克卜勒行星第二運動定律（等面積律）：

由太陽至一行星的連線，於相等時間中掃過相等面積。
即是在某一時刻 t，行星和太陽之間的距離為 r，兩者的連線在很短的時間間隔 Δt 內，參見圖5–36，則面積速率為

$$\lim_{\Delta t\to\infty}\frac{\Delta A}{\Delta t}=\lim_{\Delta t\to\infty}\frac{1}{2}\cdot r^2\cdot\frac{\Delta\theta}{\Delta t}=\frac{1}{2}r^2\omega=\text{常數}.$$

其中 ω 為行星在 P 點時，繞太陽轉動的角速度，因此克卜勒第二定律可寫成

$$r^2\omega=\text{常數}。$$

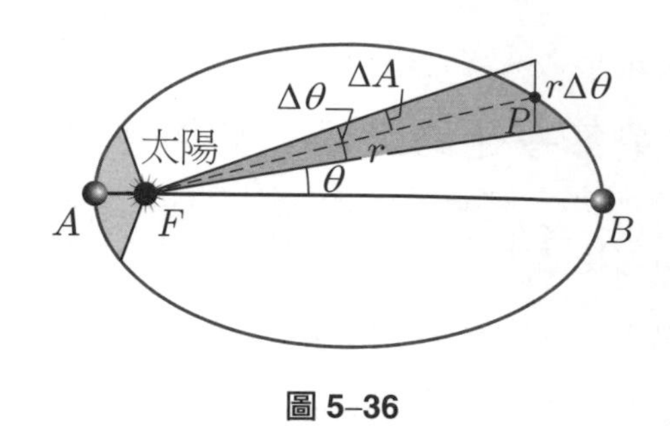

圖 5–36

3. 克卜勒行星第三運動定律（周期律或調和律）：

$\frac{R^3}{T^2}$ = 定值（對不同的行星），其中行星與太陽的平均距離為 R，且行星繞太陽週期為 T。

美妙地，從此所有行星的軌道都是橢圓形，不過這些軌道僅僅比圓形稍微扁了一點，這是克卜勒在 1609 年意識到的一點。另外，他還特別地提出焦點與離心率的名詞，地球的離心率為 0.0167，而金星不超過 0.0068，木星以及土星不超過 0.01，只有水星到達 0.2056，可見幾乎所有行星都與正圓形相當接近。

此外，還提出行星公轉的速度不恆等，這觀點大大地動搖了當時的天文學與物理學。明確告訴我們：

> 橢圓不只是圓錐截痕，更是大自然界中物體位置連續變動的一種完美幾何形狀。此外，克卜勒認為拋物線有另一個焦點在無窮遠處，而直線是指圓心在無窮遠處的圓。

之後，偉大的近代科學家**牛頓**發現了**萬有引力定律**，從理論上直接的導出了克卜勒定律，同時也證明了天體運動和地面物體的運動都遵守同樣的力學定律，並且證明「**天體的運行軌道必為圓錐曲線**」，它精闢論述為在萬有引力作用下，被吸引物體沿橢圓運動，而吸引中心在其中一個焦點上，特別是當初始速度足夠大時，物體也可能沿其他圓錐曲線如拋物線或雙曲線運動。

例如：西元 1758 年發現的**哈雷彗星**是著名的短週期彗星，其軌道呈現狹長離心率很大的橢圓形，所以每隔 75～76 年來訪，也是唯一能用裸眼直接看見的，參見圖 5–37。此外，西元 2007 年 7 月發現的**鹿林彗星**，是非週期彗星，其軌道呈現拋物線形，只靠近太陽一次便一去不回，參見圖 5–38。

圖 5–37

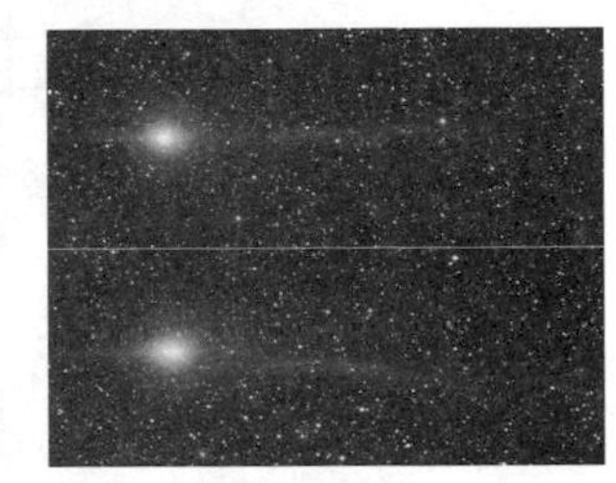

圖 5–38

天體的運行軌道大部分是橢圓形，**人造衛星**也是橢圓形的應用，它們功用為科學研究、氣象預報、全球通訊、地球資源探勘、軍事偵查及 GPS 定位上等方面的廣泛用途。在科學上，橢圓的發現顯得特別重要，可見

偉大的發現是沒有時間性，卻是永恆的。

例 10

一人造衛星的運行軌道是以地球中心為其一焦點，隨時保持在東經 120° 及西經 60° 的上空。已知其離地面最近距離為 600 公里，最遠距離為 2600 公里，且此時衛星均在赤道上空。若地球半徑為 6400 公里（地球為球形），則當人造衛星到達北極上空時，距離地面為何?

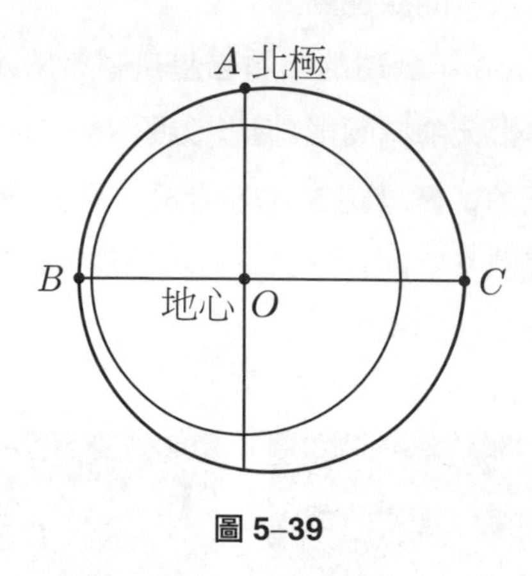

圖 5–39

解 設衛星軌跡方程式為 $\frac{x^2}{a^2}+\frac{y^2}{b^2}=1$，參見圖 5–39，則人造衛星離地球地心最近距離為 $6400+600=7000$ 公里，最遠距離為 $6400+2600=9000$ 公里，並且

$$\begin{cases} a+c=9000 \\ a-c=7000 \end{cases}$$

得到 $a=8000,\ c=1000$，推導出 $b^2=a^2-c^2=63000000$。

當人造衛星到達北極上空時，距離地球地心為 $\overline{AF}$。

因為 $\overline{AF}=$ 正焦弦長的一半 $=\frac{1}{2}\cdot\frac{2b^2}{a}=7875$ 公里，

所以距離地面為 $7875-6400=1475$ 公里。 □

天文學可說是最源遠流長的一門科學，與圓錐曲線一樣久遠，這原因是宇宙裡存在巨大不可抗的威力和變化無常，即使承載了許多人類未知的秘密，但為了生存，智者仍不停地尋找規則性，這是人類自古以來就有的願望。

當然古希臘星空特別燦爛，點亮天文學的初步。**伽利略**利用新發明的望遠鏡，遙遠揭開宇宙的奧秘，加上**牛頓**站在巨人肩上，用力學三定律和萬有引力，成功論證星球運行的規則性，重要的力學三定律也解決了，帶領著真正近代科學的誕生。

這些總總有關天文學的演進，給了我們很大的啟發，所有數學家以及科學家皆是站在巨人肩上看問題，在大膽猜測下，靠時間證明一切真理，那份精神值得大家學習與效仿。此外，也要注意到數學的定理是由公理經由演繹推理得到的結果，而非是由觀察現象再加以「歸納」。因此，科學的推動常是用數學方法來確定，如同科學家**達文西**（Leonardo da Vinci，1452～1519 年）強調：

沒有通過數學檢驗的任何觀察和實驗都不能宣稱是科學。

千古圓錐曲線探源，帶領著讀者一步一步地解開亙古之謎，雖是古老，卻引人入勝外，更是引人深思，每每品味甚是讚嘆，因此，我們也得到另一個事實：

數學的本質來自於真實世界，宇宙是有秩序的，
透過幾何定理明確理論化，就解開了。

圖片出處

序文楓葉圖：ShutterStock

目錄圖：ShutterStock

第 1 章扉頁圖：ShutterStock

第 2 章扉頁圖：ShutterStock

第 3 章扉頁圖：ShutterStock

第 4 章扉頁圖：ShutterStock

第 5 章扉頁圖：ShutterStock

圖 0–1：Wikimedia

圖 0–2：Wikimedia

圖 0–3：Wikimedia

圖 2–4：ShutterStock

圖 3–1：ShutterStock、Wikimedia Author : Menchi

圖 3–2：Wikimedia

圖 5–3：ShutterStock

圖 5–6：ShutterStock

圖 5–10：ShutterStock

圖 5–21：Wikimedia Author : Nikthestunned

圖 5–23：ShutterStock

圖 5–24：ShutterStock

圖 5–30：ShutterStock

圖 5–31：ShutterStock

圖 5–34：Wikimedia

圖 5–37：Wikimedia

圖 5–38：Wikimedia Author : Joseph Brimacombe, Cairns, Australia

鸚鵡螺數學叢書介紹

追本數源 ——你不知道的數學祕密

蘇惠玉／著

養兔子跟數學有什麼關係？
卡丹諾到底怎麼從塔爾塔利亞手中騙走三次方程式的公式解？
牛頓與萊布尼茲的戰爭是怎麼一回事？
本書將帶你直擊數學概念的源頭，發掘數學背後的人性，讓你從數學發展的故事中學習數學，了解數學。

窺探天機 ——你所不知道的數學家

洪萬生／主編

我們所了解的數學家，往往跟他們的偉大成就連結在一起；
但可曾懷疑過，其實數學家也有著不為人知的一面？
不同於以往的傳記集，本書將帶領大家揭開數學家的神祕面貌！敘事的內容除了我們耳熟能詳的數學家外，也收錄了我們較為陌生卻也有著重大影響的數學家。

古代天文學中的幾何方法

張海潮／著

本書一方面以淺顯的例子說明中學所學的平面幾何、三角幾何和坐標幾何如何在古代用以測天，兼論中國古代的方法；另一方面介紹牛頓如何以嚴謹的數學，從克卜勒的天文發現推論出萬有引力定律。適合高中選修課程和大學通識課程。